# 女孩情商书

## 让女孩越来越完美的70个成长故事

孙红颖 ◎编著

中国纺织出版社

# 内 容 提 要

本书从情绪控制、交际能力、关注细节、气质涵养等十个方面进行了讲解，结合70个经典生动的情商故事为女孩点拨情商智慧、揭示提高情商的秘诀，让女孩在阅读中认识情商、了解情商，学会培养情商。

每则故事中提炼出的"情商培养点"，一句话为女孩点明了应该具备的情商素质，话语简洁明了；每个小故事后的"情商训练营"为女孩揭示了提高情商的秘诀、窍门，使女孩提高情商有方法可循；书中还通过"知识加油站"栏目对故事中涉及的知识点为女孩做了进一步解读，帮助女孩在阅读中开阔眼界、拓宽知识视野；每章最后的"情商手册"为女孩做了全面细致的指导，旨在帮助女孩一步步提高自己的情商水平。这是一本专属于女孩的情商书，是引领女孩走上提高情商之路的必备读物。

## 图书在版编目（CIP）数据

女孩情商书：让女孩越来越完美的70个成长故事 /
孙红颖编著 . —北京：中国纺织出版社，2014.9（2023.5 重印）

ISBN 978 - 7 - 5180 - 0322 - 8

Ⅰ．①女… Ⅱ．①孙… Ⅲ．①女性—情商—通俗读物
Ⅳ．①B842.6 - 49

中国版本图书馆 CIP 数据核字（2014）第 002969 号

策划编辑：厍　科　　　责任编辑：胡　蓉
特约编辑：陈　啬　　　责任印制：储志伟

中国纺织出版社出版发行
地址：北京市朝阳区百子湾东里 A407 号楼　邮政编码：100124
销售电话：010 — 67004422　传真：010 — 87155801
http：//www. c-textilep. com
E-mail：faxing@ c-textilep. com
中国纺织出版社天猫旗舰店
官方微博 http：//weibo. com / 2119887771
天宇万达印刷有限公司印刷　各地新华书店经销
2014 年 9 月第 1 版　2023 年 9 月第 7 次印刷
开本：710×1000　1/16　印张：15.5
字数：149 千字　定价：58.00 元

# 前 言

　　社会心理学家认为，一个人能否取得成功，智商只有20％的决定作用，其余的80％来自其他因素，其中最关键的是情绪智商，即情商。

　　情商（emotional quotient，EQ），主要是指人在情绪、情感、意志、耐受挫折等方面的品质。总的来讲，人与人之间的情商并无明显的先天差别，更多与后天的培养息息相关。情商是近年来心理学家们提出的与智力和智商相对应的概念。情商是发掘情感潜能、运用情感能力影响生活和人生的一种关键因素，是每个人必须具备的生存能力之一。无数研究表明，情商较高的孩子会比一般的孩子更加幸福、自信，在学校的表现更佳，将来人生的发展道路也更顺畅。

　　作为女孩，在情感、思维方面与男孩有着显著的不同。女孩比男孩敏感，更喜欢把自己的情绪表露出来，在面对困难与挫折的时候总是很脆弱、容易选择放弃，在某种理想的状态下往往比男孩更容易"安于现状"，缺乏斗志，更愿意迎合别人，缺少独立性和自主性……这些都不利于女孩的成长。

喜怒哀乐乃人之常情，而情绪化往往会事与愿违，你能否有效地控制自己的情绪呢？

我们要接触的人们，形形色色，你能否与他人和谐相处，为自己打造良好的人际关系呢？

人生的道路上总有大大小小的考验，你是知难而退，还是迎难而上呢？

纷繁复杂的问题时有发生，你是无可奈何，还是轻松解决呢？

自己的人生终归要自己打理，你是否能摆脱依赖，为自己设计理想的蓝图呢？

这些问题影响着女孩的一生，值得女孩深思。随着社会的多元化和融合度日益提高，情商对于一个人的重要性越来越明显。一个女孩要想成功，要想更完美，就要注重培养自己的情商。

本书针对情绪控制、交际能力、关注细节、气质涵养等十个方面，结合 70 个经典、生动的情商故事，多角度地为女孩讲解成功路上需要培养的情商素质。文中语言简洁精练、通俗易懂，符合女孩的阅读特点；每章内容中配有精美插图，图文并茂，增强了本书的可读性。故事中贯穿新颖的板块，让女孩耳目一新。

这是一本引领你解读情商奥秘的宝典。阅读情商故事，领会情商精髓，愿本书能够点亮你的情商智慧，助你成为一个高情商的完美女孩！

编著者

2014 年 2 月

# 目 录

**第一章** 我的心情我做主
——做自己情绪的主人

**第二章** 交际能力不可缺
——人际交往的智慧

# 我的心情我做主

## ——做自己情绪的主人

哈佛大学心理学家丹尼尔·戈尔曼曾经说过："成功是一个自我实现的过程。如果你控制了情绪，便控制了人生，认识了自我，就成功了一半。"情绪的好坏直接影响着我们的成长和成功。学会调整情绪、控制情绪，有效地管理情绪，是女孩提高情商的必修课。

# 积极的情绪是一种宝贵的正能量

## ❋ 情商培养点：积极的情绪是进取的动力

一位哲人曾经说过："一个人的心态就是一个人真正的主人。要么你去驾驭生命，要么是生命驾驭你，你的心态将决定谁是坐骑，谁是骑师。"这里所说的心态，其实就是一种积极情绪，而乐观向上的积极情绪正是一种宝贵的正能量。

已经上六年级的小雪，过去学习很差，她的爸爸妈妈常常因此吵架。每次她考砸了，爸爸妈妈就互相埋怨，还要训斥她是"笨蛋"，她为此感到很是难过和抑郁，每天紧皱着眉头，做什么事都没精打采，完全投入不到学习里，结果她的学习成绩越来越差。

后来，她的成绩落到了全班的最后一名。她害怕极了，担心爸爸妈妈严厉地批评自己。

让她意想不到的是，一回到家，妈妈接过考试卷，却微笑着对她说："太好了，宝贝女儿！这次你再也没有什么负担了。"

小雪大吃一惊，忙问："妈妈，您是不是得病了？"妈妈说："妈妈没病。你想想，一个跑在最后面的人还有什么负担呀，你再不用担心别人会超过你，你只要努力往前跑，就是在进步！"原来这位母亲想，心烦也没有用，不如换一种方法开导女儿。

小雪听了这话大受启发，心里也豁然开朗，觉得轻松了许多，一想，对啊，在《龟兔赛跑》这个童话故事里，乌龟还能跑第一呢！只要我努力学习，每提高一个名次就是在进步啊！她心里感到既高兴，又轻松。

从此，她变得积极起来，开始喜欢上了学习，每学会了一个知识点就觉得自己向前迈了一步。第二次考试，她的成绩上升到了全班的第19名。

妈妈拿过考试卷子兴奋地说："太好了，宝贝女儿！比上回已经前进十几名了！"听了这话，女孩更高兴了，小脸笑得像花一样，进步的感觉太好了。

**知识加油站**

"正能量"本是物理学名词，而今，"正能量"作为一种积极向上的动力和情感，已经成为一个充满象征意义的符号。

第三次考试，小雪考到了全班的第五名，妈妈激动地说："太好了！宝贝女儿，你真了不起！离第一名就差4个人了。"小雪笑着点点头，学习的劲头更大了。

后来，小雪的成绩一直是全班第一名！她的脸上也总是洋溢着灿烂的笑容。

美国作家芭芭拉·弗雷德里克森说过："积极情绪让我们像花儿一样开放，让我们能够全身心地欣赏周围的美好。"良好的情绪可以转化为进取的动力，为我们带来进步。当你沉浸在积极的情绪里，你看到的是阳光灿烂，充满希望的世界。带着轻松愉悦的心情，无论做任何事你都会充满动力和激情。

**情商训练营**

## 培养正能量情绪的4个窍门

积极的情绪像一种魔法，能改变我们的思维和未来，更重要的是，我们可以通过自己的努力来培养积极情绪。女孩培养正能量的积极情绪，可以尝试下面四个小方法。

第一，品味生活中的美好。发现生活的美好并用心体会，无论是一个微笑、一次进步还是一声赞扬。

第二，找到积极的意义。如果你想往一件事上努力，就要找到做这件事的意义，这个积极意义必能调动你的积极情绪。

第三，忘掉逝去的岁月。学会遗忘，忘掉过去的、没有用的、不开心的事。

第四，梦想自己的未来。为自己构想更好的未来有助于激励自己更积极地努力。

# ❋ 收起你的坏脾气

## ❋ 情商培养点：做事不要被坏情绪牵着走

一位学者曾说："不要做情绪的奴隶，要做情绪的主人。"女孩要成为一个高情商者，首先就要学会控制情绪。只有调整好自己的情绪，才有助于自己如鱼得水地处理事情。控制不了自己的情绪和坏脾气、受坏情绪摆布的人往往是生活的弱者，坏脾气不仅会伤害到别人，还会令自己陷入被动的局面。

初中生芬妮是一个脾气急躁的女孩，情绪波动极大，动辄怪罪别人，与周围人的关系越来越紧张。其他同学难以忍受她的坏脾气，都不喜欢和她玩。她没有好朋友，经常觉得自己很孤独。

芬妮向心理老师丽达求救。丽达说："芬妮，你不必担忧，只要经过适当地调整，一切都会好转的。"丽达还建议她："在你发脾气之前，不妨想一想，究竟是哪一点触动了你？"

丽达说："你可以拥有两种思考方法，一种是每件事情都在脑海里剧烈地翻搅，另一种则是顺其自然，让思想自己去决定。"说着，她拿出了两个透明的玻璃瓶，然后分别装了一半清水；随后又拿出了两个塑料袋，分别装有白色和蓝色的玻璃球。

名人心语

一个人如果能够控制自己的激情、烦恼和恐惧，那他就胜过国王。
——英国诗人、思想家　约翰·米尔顿

丽达告诉芬妮："当你生气的时候，就把一颗蓝色的玻璃球放到左边的瓶子里；当你克制住自己的时候，就把一颗白色的玻璃球放到右边的瓶子里。"

此后的一段时间里，芬妮一直照着丽达老师的建议去做。

有一天，丽达来到芬妮家里进行家访，两个人把两个瓶中的玻璃球都捞了出来。她们发现，那个放蓝色玻璃球的水变成了蓝色。原来，这些蓝色玻璃球是丽达在白色玻璃球的表面涂上蓝色染料做成的，一放到水里，蓝色染料就溶化到水里了，水就呈现蓝色。

丽达看着瓶子里蓝色的水，对芬妮说："你看，原来的清水投入'坏脾气'后，也被污染了。你的言语举止，是会感染别人的，就像玻璃球一样。当你心情不好的时候，要控制自己，否则，坏脾气一旦投射到别人身上，就会对别人造成伤害，再也不可能恢复到以前的状态。"

芬妮后来发现，按照老师的建议去做，想要发脾气的时候努力克制自己，慢慢地，原来的好朋友又回到了她的身边。

坏脾气就像身体里的定时炸弹，一不小心就会爆发。如果老是由着自己的性子，生活就会到处都是阴影，没有任何快乐可言。女孩要学会控制自己的情绪，不乱发脾气，这样不仅能让自己活得快乐，还可以给他人带去阳光。

**情商训练营**

## 控制坏脾气的 3 种方法

控制情绪是成就大事的本领。我们每个人都有情绪的波动，关键是要学会调节情绪，不要随便地乱发脾气。合理地控制情绪，不要被坏脾气牵着走，你可以尝试下面几种方法。

第一，情境转移法。当愤怒陡然袭来时，选择离开使你发怒的场合，可以和谈得来的朋友一起听听音乐、散散步，使自己渐渐地平静下来。

第二，理智控制法。当自己想要发火时，尽量要让自己安静和放松下来，仔细想一想目前到底出了什么状况，使你想要发脾气的原因是什么，是不是值得发脾气以及考虑乱发脾气的后果。不要被坏情绪牵着走。

第三，目标升华法。要培养远大的生活目标，改变以眼前区区小事计较得失的习惯。一个人只有确立了远大的人生理想，才能待人以宽容，才不会使自己的精力被微不足道的小事绊住，而妨碍对理想事业的追求。

# ❋ 快乐地过好每一天

❋ **情商培养点：幸福的人总能有办法使自己更快乐**

苏联作家高尔基说："快乐，是一件伟大的事！"时间一天天地流逝，快乐是一天，不快乐也是一天，为什么不让自己快乐起来呢？用乐观的心态看待世界，世界也会变得美好起来，我们也会感到更快乐。

女孩媛媛是个非常快乐的小姑娘，外号"疯丫头"。面对学习和生活，她每天都是快乐无比。哪里有她，哪里就有笑声。

有一次，她走路不小心，从楼梯的拐角处头朝下栽了下去，摔得很惨，两颗门牙都只剩下了一半。

当班主任白老师去家里探望时，却见她正舒舒服服地躺在椅子上，仰面朝天喝着什么东西。

看到老师进来，媛媛叫了一声"白老师"，像变魔术似的戴上了一只卡通口罩，起身冲到白老师面前开始傻笑。大概是伤口很疼，笑声很快变成了捂着嘴的哼哼声。白老师关切地看着她，她却使劲地跺着脚，指着白老师呜呜噜噜地说："干什么呀？不许看我！"她的这副怪模样，逗得白老师也笑了。白老师知道，媛媛永远都是这样，无论遇到什么倒霉事，她都能很快找到快乐的突破口，带着大家一起快乐起来。

在白老师的强烈要求下，媛媛终于答应摘下口罩，让老师一睹她的"庐山真面目"。看到媛媛的整个嘴肿得老高，白老师忍不住问："那你怎么吃东西呀？"这下可打开了媛媛的话匣子，她略带兴奋地叨叨起来："医生说了，我只能吃流食。妈妈这

**知识加油站**

高尔基，苏联作家，被称为"社会主义现实主义文学奠基人""无产阶级革命文学导师"。

回就得由着我的性子了，开恩批准我可以喝各种牛奶。喝的时候只能用吸管，太麻烦了。为了省力，我就仰起头往嘴里倒。这可好，喝得我脖子疼极了！"她边说还边用手揉自己的脖子。看她的神情，似乎根本就没遇到什么倒霉事，而是终于等来了一个体验嘴肿的机会！

就是这种积极的人生态度，让媛媛成了一个快乐的天使，而这种感受快乐的能力，将使她一生受益。

性格乐观的人能主动适应生活中的变故，他们把积极的心态当作

快乐的起点，从而激发潜能，愉快地接受意想不到的任务，高兴地接纳意想不到的变化，宽容意想不到的冒犯，做好想做又不敢做的事，从而获得自己所企望的发展机遇。

**培养快乐能力的小秘诀**

情商训练营

快乐是一种能力，在任何时候都保持一种快乐的心情是智慧的做法。培养快乐的能力并不难，只要你这样做。

第一，保持笑容。经常微笑，人的心情也会随之变好。

第二，学习运用幽默。幽默是能在生活中发现快乐的特殊的情绪表现，可以从容应付许多令人不快、烦恼甚至痛苦、悲哀的事情。

第三，学会忘记。忘记不愉快的经历和事情，心情才能释然，不要让不高兴的事情在你的心里老是阴云密布。

# 抑制嫉妒的魔鬼

❈ **情商培养点：嫉妒心悄然而生，及时抑制是关键**

心理学家认为，嫉妒是一个人在个人欲望得不到满足的时候，对造成这种现象的对象所产生的一种不服气、不愉快、怨恨的情绪。

嫉妒既是一种恶习，也是苦恼的来源。一个人如果产生了嫉妒心理，常常会以"自我"为中心，看不见别人的优势也发现不了自己的不足，整天满脑子都是为什么别人比自己出色，结果只能是自寻烦恼。

黎晓所在的班上，新转来一个叫林琳的女孩，不但长得可爱，学习成绩也非常优秀，而且对人很真诚，大家都喜欢和她交朋友，只是黎晓不喜欢她。

在林琳没有转来之前，黎晓是大家心目中的"小公主"。不过，现在"小公主"可不再是她了，而是这个半路杀出来的"程咬金"，黎晓自然有点嫉妒她了。

有一天，黎晓把自己心中的烦恼向妈妈倾诉了一番，希望能得到妈妈的帮助。她气鼓鼓地说："哼，她有什么了不起的！真讨厌！"

妈妈听罢女儿的讲述，隐约也能从她的话语中感到酸酸的"嫉妒"，她抚着女儿的头发，平静地说道："其实，你和她一样出色，我觉得别人也是这样认为的。每个人都有自己的长处，对吗？她有她的优点，你也有你的优点呀。一个人不要因为别人在某一方面稍微比自己强一点，就去嫉妒别人。明白吗，孩子？"

黎晓听了妈妈的话，倒觉得有点不好意思了。她点点头，把母亲的话牢记在心中。

后来，黎晓和林琳也成了好朋友，她俩互相帮助、互相学习，成了一对无话不说的好朋友。黎晓默默感谢妈妈当初的一番话语，让她及时抑制住了嫉妒心理，没有错过这样一个知心的好朋友。

**知识加油站**

半路杀出个程咬金，出自小说《隋唐演义》。隋末农民起义军有一位领袖叫程咬金，此人憨厚耿直，手执板斧，常伏于半路杀出。现用来比喻发生了原本没有预料到的事情。

心理学家认为，嫉妒主要是缺乏自信和心胸狭隘所致。女孩的嫉妒心理不仅有碍于人际关系、破坏同学的友谊，而且是个人身心健康发展的大敌。亲爱的女孩，当产生嫉妒心理的时候，要注意调节自己的情绪，正视嫉妒。你不妨借嫉妒心理的强烈意识去奋发努力，升华这种嫉妒之情，把嫉妒转化为成功的动力，化消极为积极，不断地提高自己！

情商训练营

#### 4招抑制住你的嫉妒心

莎士比亚说："您要留心嫉妒啊，那是一个绿眼的妖魔！"嫉妒如此可怕，那当女孩产生嫉妒心理的时候，该如何抑制呢？

首先，培养豁达的人生态度。要懂得"天外有天，人外有人"，这是客观规律。

其次，承认事实，化不服气为志气。对待他人的成功，应认可其长处，并虚心向其学习，取人之长，补己之短，督促自己不断提高。

再次，转移注意力，给自己一个不嫉妒的理由。积极参与各种有益的活动，努力学习，多读读书，使自己真正充实起来，就无暇去嫉妒别人了。

最后，看到自己的长处，化嫉妒为动力。当别人在某些方面超过我们时，我们可以有意识地想一想自己比对方强的地方，这样就会使自己失衡的心理天平重新恢复到平衡的状态。

## 随时抛开坏情绪

❋ **情商培养点：抛开坏心情，才能迎接新的处境**

每个人既有开怀大笑的愉快时刻，也有万念俱灰、焦急紧张等不愉快的时刻，这些都是人的一种情绪表现或情感体验。人在情绪不好的时候会不自觉地把坏情绪抱得更紧：关门不跟人说话，噘着嘴生闷气，锁着眉头胡思乱想，结果心情变得更坏、更难过，问题也得不到解决。所以，女孩要学会放下坏情绪，拥抱好情绪。

童话里有这样一个讲述乐观心态的故事。

乡村里有一对清贫的老夫妇，有一天他们想把唯一值点钱的一匹马拉到市场上去换点更有用的东西。老头儿牵着马去赶集了，他先与人换得一头母牛，又用母牛去换了一只羊，再用羊换来一只肥鹅，又

**知识加油站**

易货交易，是指个人或企业间不用现金而进行的商品和服务的等价交换。例如，1 袋米换 2 只羊，它不需要货币作为交换媒介。

把肥鹅换成了母鸡，最后用母鸡换了别人的一口袋烂苹果。

在每次交换中，他都想给老伴一个惊喜。

当他扛着大袋子来到一家小酒店歇息时，遇上两个英国人。闲聊中他谈了自己赶集的经过。两个英国人听后哈哈大笑，说他回去准得挨老婆子一顿揍。老头子坚称绝对不会，英国人就用一袋金币打赌，两个人跟着老头儿一起回了家。

老婆子见老头子回来了，非常高兴，她兴奋地听着老头子讲赶集的经过。每听老头子讲到用一种东西换了另一种东西时，她都充满了对老头的钦佩。

她嘴里不时地说着："哦，我们有牛奶了！"

"羊奶也同样好喝。"

"哦，鹅毛多漂亮！"

"哦，我们有鸡蛋吃了。"

最后听到老头子背回一袋已经开始腐烂的苹果时，她同样不愠不恼，大声说："我们今晚就可以吃到苹果馅饼了！"

结果，英国人输掉了一袋金币。

尽管老头子用一匹马换来换去，换到最后只换得一袋烂苹果，但老婆子仍然没有生气，心情一直都很好。就算你只能得到烂苹果又有什么关系？心情好才是最重要的。而且，这种好心情往往可以收获到意想不到的惊喜，那为什么还要让自己不高兴呢？

想要拥有好情绪，就得从原有的坏情绪中解脱出来，从烦恼的死胡同中走出来。放下坏心情的包袱，好好检视清楚，看看哪些是事实，试着让自己换个想法，调整一下心态，换个角度想问题。女孩要懂得改变情绪，才能改变思想和行为，改变自己的处境。

## 情商训练营

### 抛掉坏情绪的小方法

情绪的好坏是由自己决定的，良好的心态会让你笑口常开。女孩要学会抛掉坏情绪，做自己情绪的主人。在学习、生活中女孩可以这样做。

第一，多读些励志的书。它能给我们许多改变情绪的效果。

第二，挺直身子、抬起头、衣着端庄。萎靡不振的表情，是招惹霉运的根本原因。

第三，放松自己的心情。在危机中保持冷静，在紧张时给自己松弛的机会，如进行体育运动、在安静的环境静坐、出去旅行等。

# 乐观是希望的明灯

德国哲学家尼采说："受苦的人，没有悲观的权利；失火时，没有怕黑的权利；战场上，只有不怕死的战士才能取得胜利；也只有受苦而乐观的人，才能克服困难、脱离困境。"女孩要铭记：在生活中处于顺境，要保持乐观；在困境中，依然要乐观。一个乐观的人可以在浩瀚的夜空里发现星星的魅力，找到生活的乐趣；可以在渺茫的大海上看到明亮的灯塔，找到前进的方向。

《我希望能看见》一书的作者戴尔是一个几乎失明了半个世纪之久的女人，她在书中写道："我只有一只眼睛，眼帘上还有疤痕，只能透过眼睛左边的一个小洞去看东西。看书的时候必须把书本放到眼前，另一只眼睛尽量往左边斜过去。"

尽管戴尔这样不幸，她仍然拒绝接受别人的怜悯，更不愿意别人觉得她异于常人。

小时候，戴尔想和其他小孩子一起玩跳房子的游戏，可是，她看不见小伙伴们在地上所画的线条，但这可难不倒小戴尔。等小伙伴都回家以后，她就趴在地上，在小伙伴画的线条上瞄来瞄去。一会儿工夫，她就把小伙伴所玩的那块地方的每一条线牢记于心了，没有几天，她就可以熟练地玩这个游戏了。

15

戴尔读书期间，每天在家里看书，都要把印着大字的书靠近她的面前，近到眼睫毛几乎要碰到书本上。就是在这样艰难的情况下，戴尔仍然乐观上进，先是在明尼苏达州立大学取得学士学位，后又在哥伦比亚大学取得硕士学位。

戴尔毕业后，开始了教书的生涯。起初，她在明尼苏达州的一个小村里担任教师工作。后来，她逐渐成为奥古斯塔纳学院的新闻学和文学教授。她在大学任教期间，曾在许多妇女俱乐部发表演说，并在电台主持《读书》节目。

许多听众对戴尔非常敬佩，想了解戴尔是如何看待生活的。戴尔回答说："在我的脑海深处，常常怀着一种害怕完全失明的恐惧，为了克服这种恐惧，我对生活采取了一种很快活又近乎嬉戏的态度。"事实上，戴尔善于从琐碎的生活中发现美好的

**知识加油站**

尼采，德国著名哲学家，是西方现代哲学的开创者，也是卓越的诗人和散文家。

一面，即使是在厨房水槽前洗碟子，也让她觉得非常开心。她在《我希望能看见》中写道："我开始玩洗碗盆里的肥皂沫，我把手伸进去，抓起一大把肥皂泡沫，我把它们迎着光举起来。在每一个肥皂泡沫里，我都能看到一道小小的彩虹闪出来的明亮色彩。"

幸运的是，在戴尔52岁的时候，一个奇迹发生了。她在一家诊所做了一个手术，使她的视力比以前提高了40倍。一个全新的、令

人兴奋的世界展现在戴尔的眼前，她内心的激动真是难以用语言来形容了。

歌德夫人说过这样一段话："我之所以高兴，是因为我心中的明灯没有熄灭。道路虽然艰难，但我却不停地去寻求我生命中细小的快乐。如果门太矮，我会弯下腰。前进路上的绊脚石，如果我可以挪开，我就会去动手挪开；如果石头太重挪不开，我可以换条路走。我在每天的生活中都可以找到高兴的事。信仰使我能够以一种乐观的心态面对事物。"乐观是强者的通行证，悲观是弱者的墓志铭。乐观的人心里充满阳光，生命的天空总会晴朗。

**情商训练营**

### 培养乐观心态的4个步骤

教育专家指出，虽然一个人乐观的心态多半是与生俱来的气质，但是它也可以像其他习惯一样，慢慢锻炼、培养起来。培养乐观心态可以从四个步骤做起。

第一，多想想事物好的一面。想想自己经历过的幸运的事，告诉自己在某些方面也是幸运的。

第二，把幽默当成习惯。有幽默感的人能轻松地化解命运的不公，排除随之而来的烦恼。

第三，发展你的兴趣爱好。保持强烈的好奇心和求知欲，保持健康的体魄和心理。

第四，做事要全力以赴。不被逆境困扰，也不能幻想出现奇迹，要脚踏实地、全力以赴地去争取属于自己的成功果实。

# 征服悲观情绪

## ❋ 情商培养点：悲观情绪让快乐绕道而行

一位著名的作家说过这样一句话："悲观情绪并非来自我们遭遇的不幸，而是来自我们如何看待不幸。"悲观是一种常见的消极情绪，悲观的人无时无刻不在忧虑、恐慌，给自己带来了许多烦恼，也让别人哭笑不得。

有一位父亲，他有两个可爱的女儿。圣诞节来临前，父亲为了考验一下自己的两个女儿，分别送给她们完全不同的礼物，在夜里悄悄把这些礼物挂在圣诞树上。

第二天早晨，姐姐和妹妹都早早起来，想看看圣诞老人给自己的

**知识加油站**

圣诞节的来历：每年的 12 月 25 日，是基督教徒纪念耶稣诞生的日子，称为圣诞节。

是什么礼物。姐姐的圣诞树上有很多礼物，有一条漂亮的裙子，有一个布娃娃，树下还有一辆自行车。姐姐把自己的礼物一件一件地取下

来，并不高兴，反而显得忧心忡忡。父亲问她："你不喜欢这些礼物吗?"姐姐拿起裙子说："看吧，我穿上这条裙子出去玩，没准会被什么东西弄脏，那样一定会招来一顿责骂。还有，这辆自行车，我骑出去倒是高兴，但说不定就会撞到树干上，把自己摔伤。而这个布娃娃，我可能会把她弄坏的。"父亲听了没有说话。

　　妹妹的圣诞树上除了一个纸包外，什么也没有。她把纸包打开，不禁哈哈大笑起来，一边笑，一边在屋子里到处找。父亲问她："为什么这么高兴啊?"她说："我的圣诞礼物是一包马粪，这说明肯定会有一匹小马驹在我们家里。"最后，她果然在屋后找到了一匹小马驹。父亲也跟着她笑起来："真是一个快乐的圣诞节啊!"

　　悲观者的眼光总是专注在不可能的事情上，到最后他们只看到了哪些是没有可能的。即使让他们走到春天的花园里，他们也不会看到姹紫嫣红的鲜花和飞舞的蝴蝶，而只会关注折断的残枝和墙角的垃圾。亲爱的女孩，一定要征服自己的悲观情绪，不然你会错过许多美好的风景。

## 如何征服悲观情绪

悲观就是一个幽灵，容易鬼魅般随时偷袭你脆弱的心，要征服它就必须征服自己的悲观情绪。女孩要征服悲观情绪，可以这样做。

第一，凡事要朝好的方面想。善于发现事情好的一面，把注意力盯在美好、积极的事物上。

第二，学会转移情绪。遇到情绪扭不过来时，不妨暂时回避一下。可以听首舒缓的音乐、看场电影或出去散散步。

第三，不要太过挑剔。用宽容的态度看待生活中的一切。

第四，偶尔也要屈服。在遇到重创时，人们常常会变得浮躁、悲观。这个时候，要冷静地承认发生的一切，放弃生活中已成为你负担的东西，终止不能取得的希望，并及时调整情绪，重新设计新的生活。

# 微笑是对生活最好的表达

❋ **情商培养点：生活是一面镜子，你笑它也会笑**

德国作家威尔科克斯曾经说过："生活像一首歌那样轻快流畅时，笑颜常开乃易事；而在一切事都不妙时仍能微笑的人，才活得有价值。"微笑是彩虹，在阳光下折射出七色光芒；微笑是花朵，在绿叶中闪现点滴美丽；微笑是种子，在土壤中萌发出嫩绿新芽。微笑地面对生活是一种乐观豁达的人生态度，是一种快乐自己也能感染他人的积极能量。

桑兰原为中国女子体操队的优秀选手，多次参加重大国际比赛，为国家赢得了荣誉。

1998 年 7 月 21 日，在美国纽约举办的第四届世界友好运动会上，桑兰在参加女子跳马比赛中，由于意外失误摔了下来，造成胸部以下完全失去了知觉。她的

**知识加油站**

友好运动会，始办于 1986 年，是国际大型综合性运动会，每四年举行一次。

美好人生才刚刚开始，而她的后半生也许永远就要在轮椅上度过了。

在这突如其来的灾祸面前，17岁的桑兰表现得非常坚强。前来探望的队友们看到桑兰躺在床上不能动弹，都忍不住失声痛哭。桑兰却没有掉一滴眼泪，反而急切地询问队友们的比赛情况。

每天上午和下午，友好的外国医生都要给桑兰进行两个小时的康复治疗，从手部一直推拿到胸部。桑兰总是一边忍着剧痛来配合医生，一边轻轻地哼着自由体操的乐曲。主治医生拉格纳森感动地说："这个小姑娘乐观和不屈的精神，给其他的瘫痪患者做出了榜样。"

日子一天一天过去了，桑兰可以自己刷牙、穿衣、吃饭了。有谁知道，为了完成这些对健康人来说简单的动作，桑兰付出了多大的努力啊！

1998年10月30日，桑兰出院了。面对无数关心她的人，桑兰面带微笑地说："我绝不向伤痛屈服，我相信早晚有一天我能站起来！"她就是这样用微笑化解了苦难，并时刻给其他人传递着希望！

西方有这样一句谚语："阳光和鲜花在达观的微笑里，凄凉与痛苦在悲观的叹息中。只用微笑说话的人，才能担当重任。"顺境中，微笑是获取成功的嘉奖；逆境中，微笑是治疗创伤的良药。面对苦难，与其屈服，使自己伤心痛苦，不如坦然面对，用微笑迎接生活。

**情商训练营**

## 怎样做到微笑面对生活

有人说爱笑的女孩，运气都不会太差。不管面对什么，保持微笑，保持一颗积极乐观的心，你总能发现生活中的美好与快乐。女孩要微笑面对生活，不妨学学下面的小窍门。

首先，保持乐观的心态。用微笑面对每一天，面对每一个人，把事情看得淡一点，不要去追求一些不切实际的事物。

其次，少一些抱怨，勇敢面对挫折。不是每个人都是幸运的，人生难免遇到挫折，遇到时请不要垂头丧气、怨天尤人，拿出你不服输的勇气去迎接挑战。

最后，不要气馁。把每一次的失败都当作一次尝试，用微笑面对坎坷，用心体会生活的快乐。

# 增强情绪控制能力的4个方法

### 1. 自我暗示法

有效地自我暗示，可以控制不良情绪的产生。例如当我们参加比赛感到紧张时，可以反复提醒自己："别紧张，好好表现，会取得好成绩的。"这样，紧张的情绪就会逐渐放松下来。当与同学有了争吵，想动手打人时，也可在心里暗示自己："千万别发怒，要冷静。"这样，可以遏制情绪冲动，避免不良后果。

### 2. 自我激励法

自我激励是一种精神动力。在困难和逆境面前，进行自我激励，能使一个人从不良情绪中振作起来。可以用上进的话语激励自己，如"爱拼才会赢""人生在于奋斗""努力就会有收获"等。

### 3. 心理换位法

心理换位，即站到对方的角度上想问题，充当别人的角色，来体会别人的情绪与思想。例如当家长或老师批评自己后，如果心里不服气，可以设身处地想一想：假如我是家长或老师会怎样做呢？这样，就会理解家长、老师对自己的态度，就能够有效防止不良情绪的产生及消除已产生的不良情绪。

### 4. 情绪升华法

情绪升华，是对消极情绪的一种高水平的宣泄，是将痛苦、烦恼、忧愁等其他不良的情绪，转化为积极而有益的行动，引导到对人、对己、对社会都有利的方向上去。例如，当你的考试成绩不是很理想时，你可能会情绪低落，此时如果你能不甘心落后与失败，振作精神，奋起直追，这样就可以把消极情绪转化为积极的行动，从而达到提高学习成绩的目的了。

# 第二章

# 交际能力不可缺

## ——人际交往的智慧

　　一位阿拉伯哲人说过："一个没有交际能力的人，犹如路上的船，是永远不会漂泊到人生的大海中去的。"在人生之路上，说话、交际无处不在，它往往决定了一个人性格发展、身心健康以及将来的生活质量。女孩要从小注意培养自己的人际交往能力，适当学习一些表达和交际技巧，在人际交往中发挥自己的情商魅力，做一个人见人爱的女孩。

# 交往是立足社会的必备能力

## ❋ 情商培养点：交际能力是一项重要的情商素质

没有朋友的女孩，就像是一片没有其他叶片的花瓣，纵然有着娇嫩的颜色和甜美的芳香，也显得孤单落寞，容易凋零。多交朋友并且接纳朋友，不仅能滋养友情，也能避免让自己封闭在个人狭小的世界里。女孩要注重培养交往能力，以适应未来社会的需要。

有一个叫芳芳的小女孩，性格比较内向，不喜欢与人交往。

小时候，芳芳第一天到幼儿园去读书时，边哭边缠着妈妈陪她去上课，好在老师把她留住了。然而芳芳每一节下课都要出来小便，其实她是想看看妈妈是否还在学校。

知识加油站

塞缪尔·斯迈尔斯，英国19世纪伟大的哲学家、著名的社会改革家和散文随笔作家。

平时她不肯叫人，在接她放学回家的路上，妈妈偶尔听见她说哪位阿姨给她什么了，就问她你叫人了没有，她只是低头一笑。从她的表情中，妈妈知道她没有叫。

眼看着芳芳一天天地长大，快要跟大人差不多高了，但还是特别

怕叫人，不到不正面碰头的时候是不开她的"金口"的。

每天走进校门，如果她看见老师正和其他同学打招呼，或没注意她时，芳芳就会走到离老师远一点的地方，省了这一声"老师好"；遇到真的避免不了的时候，她的一声"老师好"也是很轻很轻。

每天早上上学，听到同学总能热情、响亮地跟值班老师打招呼，芳芳妈妈有点儿耳馋。于是，每天早晨进校门时提醒女儿叫"老师好"成了妈妈的必修课。每当其他同学主动叫老师时，妈妈就对女儿进行教育。遇见老师时，就轻轻地提醒她。

平时，父母经常领芳芳出来玩，鼓励她自己去结识新朋友。刚开始时，芳芳只是在一旁看着别的伙伴玩，虽然很高兴，自己却从不参与。慢慢地，她便拉着姐姐一起与伙伴玩。后来，她看到认识的同学也能主动打招呼了。芳芳渐渐地融入了朋友们中，变得喜欢和大家交往，经常和大家一起做游戏，每次见到老师的时候也会大声地问好了。

英国作家塞缪尔·斯迈尔斯说："友善的言行、得体的举止、优雅的风度，这些都是走进他人心灵的通行证。"在小时候能主动与别人打招呼的孩子，长大后往往懂得如何与陌生人成为朋友；小时候懂得与人交往的孩子，长大后往往能吸引更多的朋友；小时候人缘好的孩子，长大后往往会有很多生活、事业上的好帮手。

情商训练营

## 与人交往的小技巧

良好的人际关系，有时可以决定一个人的生存质量乃至命运。女孩要提高自己的交际能力，学会主动与人交往，就要掌握以下四个小技巧。

首先，树立自信。女孩在与人接触时，不要害羞，要做到自信，敢于在他人面前表现自己。

其次，积极参加集体活动。女孩要合群，乐意与人交往，不要把自己封闭起来。多交朋友并且接纳朋友，多与朋友一起玩，一起谈心。

再次，在公众场合训练说话的胆量。在公众场合，勇于向他人介绍自己，找感兴趣的话题与人交谈。

最后，与人相处时应坦诚相待。敞开心扉，对他人以诚相待，快乐与关爱就会永远围绕在你身边。

## 赞美是人际交往中最动听的音符

### ❋ 情商培养点：赞美，让人际关系更和谐

俄国作家列夫·托尔斯泰说过："称赞不但对人的感情，而且对人的理智也起着很大的作用。"赞美是人与人相处的最巧妙的方法，它是人际交往中最美的语言，它能让说者增光，听者得意。拥有赞美的习惯，生活就会变得充满五彩阳光；得到赞美，世界就会变得更有光彩。女孩要学会对别人的好做法、好想法进行赞美，这样有利于获得完美的人际关系，并在赞美他人的同时，自己也获得美好的人生。

银行家艾伦先生出差去国外了。艾伦夫人是一位咨询师，工作十分忙碌，她打算聘用一个小时工来家里做保洁工作。

前来应聘的是一个名叫芭芭拉的女中学生。艾伦夫人对她的第一印象不错，在简单的交谈后，要求她下周来上班。在芭芭拉来之前，艾伦夫人打电话给芭芭拉的前一位雇主，询问芭芭拉的工作态度和对她的看法，结果得到的答复是，芭芭拉工作很不认真，他们很不满意。

芭芭拉到任的那一天，艾伦夫人对芭芭拉说："几天前，我打电话请教了你的前任雇主，她说你为人老实可靠，煮得一手好菜，带孩子也细心周到，唯一不足的是整理家务有一点外行，所以雇主总觉得屋子没有收拾干净。我想那个雇主的话并非完全可信，从你的衣着可以看出来，你是个很讲

知识加油站

列夫·托尔斯泰，俄国思想家、作家，19世纪伟大的批判现实主义的杰出代表。

究整洁的人，我相信你一定也会把家里收拾得既干净又舒服。"

果然，芭芭拉在以后的工作中，把艾伦夫人的家里打扫得干干净净，一尘不染；她与艾伦夫人相处得也非常愉快，雇佣双方都很满意。

美国政治家、科学家富兰克林说："最能施惠于朋友的，往往不是金钱或一切物质上的接济，而是那些亲切的态度，欢悦的谈话，感情的流露和纯真的赞美。"赞美别人，既能增进彼此的友谊，又可以消除人际间的龃龉和怨恨。我们在赞美别人的同时，自己没有受到任何损失，还得到了幸福和快乐，可谓是一举两得。

## 学会赞美他人

作家米兰·昆德拉说："人最大的快乐是受到赞美。"赞美的力量就像雨后的阳光滋润着人们的心田，使人们受到极大的鼓励。每个人都愿意得到别人的赞美。女孩在与人交往时，不要吝啬自己的赞美，要学会赞美他人。但赞美也需要掌握技巧，否则会变好事为坏事。

女孩要恰到好处地赞美别人，可以学习一些小妙招。

第一，因人而异。人有长幼之分、男女之别，有针对性的赞美比空洞的赞美效果要好得多。

第二，情真意切。赞美之词要用符合实际的肺腑之言。

第三，合乎时宜。赞美不仅要"锦上添花"，更要"雪中送炭"，自卑和遭遇挫折的人更需要赞美。

# 倾听，拉近心灵的距离

## ❋ 情商培养点：倾听让人与人之间的距离更近

英国著名设计师莫里斯说："要做一个善于辞令的人，只有一种办法，就是学会听人家说话。"倾听是一门艺术、是一项技巧，更是一种交际的能力。学会倾听，可以让我们获得智慧和尊重，赢得信任和

真情。懂得倾听有时候比懂得说话更重要。

暑假到了，于楠和父母要去美丽的三亚旅游，她一想到碧蓝的大海和金色的沙滩就兴奋，整天向朋友们炫耀自己即将进行的三亚之旅。

终于到了出发的那一天，他们一家人坐上了飞往三亚的飞机。就在于楠透过窗户往下看，陶醉于大地上的美景时，天色突然暗了下来，不一会儿就下起了暴风雨。飞机在狂风暴雨的攻击下失去控制，脱离了航线，颠簸得非常厉害，很多乘客都惊叫起来，连空姐也吓得脸色煞白，但空姐很快镇定下来，告诉乘客们系紧安全带，然后教给大家一些保护自己的措施。

雨越下越大，飞机仍然在不停地晃动，大家渐渐都感觉到了死亡的气息，慢慢安静下来，最后是一片死寂。于楠在这时候也想起了很多飞机失事的事故，心里非常恐惧，她紧紧握着父母的手，默默地流下了眼泪。幸运的是，驾驶员还比较冷静，找到一片空地让飞机安全着陆了。就在前一分钟还以为自己会随着飞机的坠毁而死亡，现在却安然无恙，于楠觉得这次经历真是太惊心动魄了。

回到学校后，她就迫不及待地把这件事告诉了她的几个好朋友，可

知识加油站

威廉·莫里斯，英国艺术与工艺美术运动的领导人之一，同时是一位小说家和诗人，也是英国社会主义运动的发起者之一。

是朋友们一直在讨论暑假里发生的趣事，根本就没有理会她惊险的飞行旅程。于楠失望极了，她闷闷不乐地坐在一边，也不再理睬朋友们。

好朋友夏欢意识到于楠有些不开心，用眼睛示意大家停下了谈论的话题，对于楠说："于楠，大家都聊得很起劲儿，你怎么啦？"于楠冷淡地说："你们聊吧，我不感兴趣。"

夏欢听了，笑了笑说："对了，于楠，刚才你说飞机上怎么了，我还没有听明白，你再说得详细点。"于楠一听，果然来了精神，开始向朋友们描述起了飞机上发生的事情。她一边说一边手舞足蹈地比画，把飞机上的惊险展示得非常生动，朋友们都听得很入神。后来大家就开始讨论一些飞机脱险的故事，聊得很开心。

美国心灵导师和成功学大师戴尔·卡耐基说："做个听众往往比做一个演讲者更重要。专心听他人讲话，是我们给予他的最大尊重、呵护和赞美。"有些女孩不能给人留下好印象的原因，是由于不注意倾听别人的谈话，只关心自己下面所要说的是什么，从不在乎别人的感受，因此也得不到别人的信赖，自然不会赢得朋友。当他人有倾诉欲望时，不要吝啬自己的耳朵，试着倾听他人内心的声音，你就能够成为一个广受欢迎的交际高手，从而赢得更多的朋友。

情商训练营

### 有效倾听要做到"三到"

倾听看似每个人都会，并且我们每个人多数时间都要倾听。但要做到有效地倾听，就必须做到耳到、眼到、心到。

第一，注视说话者，保持目光接触，不要东张西望。

第二，单独听对方讲话时，身子稍稍前倾，以示尊重。

第三，面部保持自然的微笑，表情随对方谈话内容有相应的变化，恰如其分地频频点头。

第四，不要中途打断对方，让他把话说完。

第五，适时而恰当地提出问题，配合对方的语气表述自己的意见。

# 永远不要讥讽嘲笑别人

## ❀ 情商培养点：嘲笑他人也会丑化自身的形象

一首诗中这样写道："我们嘲笑笼中的鸟，却没意识到我们的心又何时飞出过世俗的牢笼；我们嘲笑被链子拴住的牲畜，却不知道链子乃拴在我们心上；我们嘲笑井底之蛙，可我们也不曾完整地看过广阔的天空。"俗话说："金无足赤，人无完人。"每个人都有缺点，也各有优点，从这一点上来说，谁都没有资格嘲笑谁。

乔伊娜和朱丽亚是一对好朋友。一天，她们在花园里踢毽子，由于朱丽亚踢得少，乔伊娜讥讽了朱丽亚，说她又笨又蠢。朱丽亚认为乔伊娜对朋友太傲慢，也生气了。原本非常亲密的一对朋友，因为一点小事，就互不搭理对方了。

当天晚上，妈妈把乔伊娜叫到了身边，给她讲了一个格林童话，故事的情节是这样的。

河边上住着一个泥偶和一个木偶。在一个干旱的季节里，泥偶和木偶曾经有一段朝夕相处的日子。时间一长，木偶渐渐看不起泥偶，总想找机会讥笑它。

有一天，木偶带着嘲笑的口吻对泥偶说："你原来不过是岸边的泥土，人们把泥土揉弄在一起才捏成了你。别看你现在有模有样的，神气十足，等到了七八月，瓢泼大雨来临了，你就会被水泡成一堆稀泥啊。"

泥偶并没有在意，它严肃地对木偶说："谢谢你的关心。不过，事情并没有你所说的那样可怕。既然我是用岸边的泥土捏成的泥人，即使被水冲得面目全非，变成了一堆稀泥，也仅仅是还原了我本来的面目，让我回到岸边

**知识加油站**

《格林童话》，产生于19世纪初，是由德国著名语言学家雅各布·格林和威廉·格林兄弟收集、整理、加工完成的德国民间文学。

罢了。而你倒是要仔细地想一想，你本来是一块桃木，后来被雕成了人样。一旦到了雨季，河水猛涨，波浪滚滚的河水就会把你冲走。那时，你只能随波逐流，不知会漂泊到什么地方。老兄，你还是多为自己的命运操操心吧！"

听了这个童话故事，乔伊娜羞愧难当，她认识到自己不该嘲笑好朋友。第二天，乔伊娜主动向朱丽亚道歉，随即两个人又和好如初了。

每个人都是有思想、有理想、有自尊的，不管别人有什么缺陷也好，伤残也罢，都是应该去尊重的。换位思考一下，当别人用鄙视嘲笑的眼光去看着我们的时候，那我们心里也高兴不到哪里去。俗话说："你敬人一尺，人敬你一丈。"只有人与人之间互相尊重，才能更好地交往。

**情商训练营**

## 如何与"特殊"朋友交往

在日常生活中，我们可能会接触到各种生理上有缺陷的人，对他们嘲笑、指点都是不对的。女孩要用正确的态度看待他们，正确地与他们交往。

第一，在情感上同情他们。设身处地地体会生理有缺陷的人的心理感受，了解他们的困难，并试着从克服困难中了解残疾人精神的可贵。

第二，在人格上尊重他们。学习他们勇于克服困难、顽强拼搏的精神，认识到他们在人格上与大家是平等的，是值得人们尊重的。

第三，在行动上帮助他们。用自己的实际行动给他们帮助与鼓励。

# 有一分谦让便有一分益处

**❋ 情商培养点：学会谦让，你会有许多意外的收获**

谦让，是一种美德，更是人生前行的一张通行证；谦让，是幸福与微笑的催化剂，更是我们在与人交往中不可或缺的内在风度。谦让者因宽容而博大，因博大而崇高。好争的人，天将与之相争；谦让的人，天将与之相让。

有一个面包师，家境富裕，乐善好施。有一年闹饥荒，面包师打算救济城里最穷的10个孩子。他告诉这些孩子，他们每人在每天傍晚的时候可以免费从店里的篮子里取走一块面包，直到来年收获新粮食为止。

**知识加油站**

戴尔·卡耐基，美国现代成人教育之父，西方现代人际关系教育的奠基人，被誉为20世纪最伟大的心灵导师和成功学大师。

于是，每到傍晚，这些饥饿的孩子就如约来到面包店里，争先恐后地去抢篮子里的面包，唯恐自己的那一块也被别人抢走了。甚至有

几个男孩子仗着自己力量大，总是先抢走篮子里最大的那几块面包，全然不顾其他孩子的感受。而且他们拿到面包后，就狼吞虎咽地吃起来，吃完了连一声道谢都没有就转身走了。

在这些穷孩子中，有一个十岁左右的小女孩，虽然衣衫褴褛，但每次都不去和别人争抢，经常远远地站着，等那些争抢的孩子们散去了，她才拿起别人挑剩的一块面包，亲吻一下面包师的手，然后转身离去。

面包师曾经问她："你看起来也是那么饥饿，为什么不马上吃面包呢？"

女孩回答说："母亲给修道院送衣物去了，我要等她回来一起分享。"

有一天，女孩又是得到了最小的一块面包。回家后，她的妈妈切开面包惊奇地发现，里面有一枚亮灿灿的金币，母女俩都很吃惊！

母亲对女儿说："肯定是好心的面包师不小心把金币掉进去的，你赶快送还给他吧。"

当女孩拿着金币还给面包师时，他却说："诚实的孩子，这是我对你的奖赏，有意把它放进去的，这枚金币就属于你了！"

美国著名的人际关系学大师卡耐基说："在人生道路上能谦让三分，就能天宽地阔。"不管你与同学、老师、朋友相处，还是在将来的生活、工作中，都要记住：不要过于争强好胜，保持一份适当的谦让，在人生的道路上才能从容地走向理想的目的地。

### 培养谦让品格的方法

罗曼·罗兰说："没有伟大的品格，就没有伟大的人，甚至也没有伟大的艺术家，伟大的行动者。"你想使自己拥有谦让的品格，应该这样学会谦让。

首先，要加强自身修养。培养自己具备谦让、利他、克己等品质。与人相处要懂得谦让，一颗谦让的心会让你拥有更多的朋友。

其次，培养公平竞争的意识。面对社会上的竞争，我们应该通过正当、公平的方式去争取自己想要得到的东西。不要争强好胜，为自己想要的东西违背原则。

## 做错了就要诚心地道歉

❋ **情商培养点："对不起"是化解不愉快的良药**

人生有太多的地方，要诚心地说声"对不起"。有时一声"对不起"就可以消除对方的误会和彼此的不快，可以化解人们之间的争执，也能使自己保持快乐。道歉是一门人生的处世艺术。

初春的一个周日，12岁的兰兰和妈妈去书店购买课外读物。她们在书店看了两个小时，母女俩腿都站累了。买好书后，兰兰和妈妈来到广场上准备休息一会儿。妈妈说要去买一份报纸看看，兰兰便放下书包拿出了新买的《爱丽丝梦游仙境》兴致勃勃地看了起来。

正当兰兰看得入神的时候，突然一只足球飞了过来，把兰兰手里的书撞到了地上。她捡起书一看，书皮已经脏了，有两页已经被撞破了。看到自己心爱的书被弄成这个样子，兰兰很生气。

就在这个时候，一个七八岁的小男孩过来捡他的足球。

兰兰拿起书，生气地说："哎，你看看，你把足球踢到我的书上了！还把我新买的书撞破了两页呢！"

小男孩想表示歉意，一看兰兰生气的样子，又自知理亏，也就没说什么。

知识加油站

《爱丽丝梦游仙境》，讲述的是一个名叫爱丽丝的女孩从兔子洞进入一处神奇国度，遇到许多会讲话的生物以及像人一般活动的纸牌，最后发现原来是一场梦。

兰兰看小男孩不搭不理的，大声喊道："你怎么不说话啊！你哑巴了啊！"

小男孩感觉受到了呵斥，眼泪一下子流了出来。他妈妈走过来，看到儿子受了委屈，就询问了情况，随后对兰兰说："很抱歉！我的孩子把你的书撞到地上了。他不是故意的，请你原谅！"

这时，兰兰的妈妈买报纸回来了，她了解了事情的经过后，便严肃地对女儿说："兰兰，你不应该用那样的口气批评小弟弟。你也有不对的地方，也应该向小弟弟道歉。"

虽然，兰兰感觉自己无辜，有些不情愿，但还是当面道歉了。

小男孩的妈妈夸赞兰兰说："你真是一个懂事有礼貌的好孩子！"

兰兰听了这句话有点不好意思，但心里感到一阵温暖，心情也畅快多了。

道歉可以消除误会，化解矛盾，改善你的人际关系。在生活中，我们都可能有做错事的时候。有过错，就要勇于面对，勇于承认。诚恳地承认过失，并真诚地向对方表示歉意，才能得到对方的谅解，才能使自己在人际交往中被他人接受。

## 情商训练营　　道歉也要讲究方法

道歉不是简单的一句"对不起"就可以的，道歉也要讲究方法。

首先，要真诚道歉。道歉的时候，你应该真诚地表示出歉意，内心要感到自责，表示出希望得到对方原谅的态度。即使有时候有的误会掺杂着其他因素，也要保持镇定，不要一味替自己辩解。

其次，道歉要避免使用让对方不愉快的道歉方式。并且你的道歉最好集中于自己的过错，不要反复强调对方的过错。

再次，道歉要及时。应该道歉的时候就马上道歉，不要延误，让一时的不快使彼此的误会加大。

最后，道歉也要有原则。道歉要堂堂正正，不必奴颜婢膝。因为你想把错误纠正，这是值得尊敬的。

# 学会与异性朋友相处

友谊的范围其实很广，和同性交往一样，异性之间也可以存在友谊。异性朋友有时比同性朋友更容易沟通、更容易理解对方，能够给彼此更多的帮助。异性间的友谊是一种深厚的感情，是人类优美的感情之一，是激励和鼓舞人们前进的高尚的道德力量。

文文是个内向的学生，由于小时候所受的"男女授受不亲"的教育和自己性格特点，从小就不和男孩交往，一和男孩说话就脸红心跳，看见男孩子就躲得远远的。虽然现在已经上六年级了，还是这样，这让她吃了不少的亏。

**知识加油站**

青少年时期异性友谊的互补作用体现在智力、情感等几方面。男生和女生的智力没有高低之分，但却各有偏长。女生擅长具体形象思维，男生往往擅长抽象思维。

其实，她内心还是很羡慕那些口若悬河的同学的，也羡慕学校中那些明星似的人物，希望自己有一天也能和她们一样。

可是由于自己养成的性格，她还是不能和男孩子打交道。有一次，她父母因为一点矛盾吵架了，吵得很厉害，她自己能做的就是独自郁闷。到了学校，老师和同学们忙着去做自己的事情，谁也没注意到文文的心事，这让文文更加闷闷不乐，觉得世界没有什么希望了。

正在独自伤心的时候，班内一向开朗心细的学习委员小武看在了眼里，他悄悄给文文写了张纸条，委婉地劝说了一下，等下课没人的时候叫她一起出去。文文看见男孩和自己说话，脸一下子就红了，但是小武没有放弃。他以前也尝试过和文文接触，可是都失败了，但是他知道这次可以让他们建立朋友关系。在小武的开导下，文文心中的苦闷减少了许多。经过小武的一番开导，文文心情好了许多，而且她发现和男孩子说话原来也没有那么难。

慢慢地，她被大家带出去玩儿，参加各种集体活动，她开始发现异性的思维是那么的不同。同时她也开阔了自己的视野，改正了很多错误的思想，也明白了很多以前自己不能明白的东西。

与异性交往也是人际交往的一部分。生活中，不少人认为，异性间的友谊必然要发展成为爱情，或者必然要同爱情发生这样那样的纠葛。亲爱的女孩，如果你也有一个异性朋友的话，一定要正确地把握好"度"，分清友谊与爱情的界限，不要陷入"早恋"。

## 与异性交往要有度

情商训练营

对于十几岁的女孩来说，刚刚开始人生的历程，有时候交朋友，尤其是异性朋友，没有把握好度，就很容易产生问题。所以，女孩在与异性交往中要注意一些原则。

第一，交往时要自然适度。在与异性交往的过程中，言语、表情、行为举止、情感流露及所思所想，要做到自然、顺畅，既不过分夸张，也不闪烁其词；既不盲目冲动，也不矫揉造作。

第二，要注意交往的场所和方式。异性交往应该以在集体活动中交往为主要方式。

第三，交往要留有余地。在交往过程中，言谈举止要留有余地，不能毫无顾忌。

第四，莫把好感当爱情。令你心动的不一定是爱情，你现在的所谓感情，只不过多是好奇心、钦佩感而已，并非就是能植根于现实的爱情。

# 同理心，现代人际交往的基础

## ❈ 情商培养点：同理心是获得他人好感和信任的桥梁

英国有一句谚语说："要想知道别人的鞋子合不合脚，穿上别人的鞋子走一英里。"在与他人交往中，女孩能够站在对方的立场上设身处地思考，体会他人的情绪和想法、理解他人的立场和感受，并站在他人的角度思考和处理问题，这种能力就叫作同理心。做一个通情达理、善解人意的女孩，这样最容易受到大家的欢迎，也最值得大家的信任。

张茜是一名小学六年级的学生，学校离家有点儿远，可父亲总不同意给她买辆自行车。有一天，张茜再也忍不住了，对父亲说："爸爸，别的同学都有自行车了，就我没有！"

父亲看了看女儿，半晌，终于说："好，

**知识加油站**

"同理心"一词源自希腊，现在作为能够站在对方立场设身处地思考的一种能力，是情商的一个重要组成部分。

给你买!"张茜一听,高兴地问:"那什么时候买?"父亲想了想,在墙上画了一条横线,说:"等你长到这么高,爸爸就给你买。"

从此,每天放学回家后,张茜第一件事就是跑到墙面那道横线下,可每次都是垂头丧气地离开了。

一个月过去了,两个月过去了……半年过去了,可张茜还是没有墙上的那道线高,她搞不懂了。一天早上,张茜去问母亲:"妈,这道线一定有问题,为什么我总是没有它高呢?"

母亲皱着眉头说:"我说她爸,就给孩子买辆车吧,明年她就要到城里上中学了,那么远,总不能还是走着去吧?"父亲深深叹了口气,说:"买,茜茜,上学去吧,爸爸明天就给你买车!"

张茜背着书包出了家门,磨磨蹭蹭地在屋外站住了,她听到屋内,母亲对父亲说:"都大半年了,怎么也不见孩子长个儿呢?是不是缺营养呀?都怪我拖累了你们俩……"

父亲打断了母亲的话:"别瞎说,是我把那条线往上移了。"母亲吃惊地问:"你怎么把线往上移了?"父亲长叹一声:"我也想给孩子买辆车啊,可是总不能拿买药的钱给她买车吧?都怪我没用,不能赚更多的钱啊……"母亲也跟着叹气:"这哪能怪你呢,是我的病拖累了你们爷儿俩,现在连给孩子买辆自行车的钱都没有……"

张茜听了,默默地低下了头……

下午放学的时候,张茜早早地走回了家,一进屋就迫不及待地说:"妈,老师在班上表扬我了。"母亲问:"老师为什么表扬你?"张茜骄傲地说:"我在运动会上比赛得了第一。我知道,要不是我天天走路上学锻炼,不会有这么好的身体。妈,我还要继续走路上学,我不要车了。"母亲疼爱地说:"傻孩子,你爸明天就去给你买车,骑车也可以锻炼身体呀！"张茜依偎在母亲身边说："妈，我真的不要车了。你让爸把钱留着给你买药吧！等我和墙上那道线一样高了，再帮我买车。"

第二天，天还没有亮，张茜就早早地起床，她摸黑在屋子里悄悄摆弄了一阵后上学去了。天亮后，母亲就急急地催促丈夫帮女儿去买车，刚一抬眼，却突然发现墙壁上的那道线比昨天高出了一截，墙角下，还放着一张小板凳……

为他人着想，学会体谅别人，是一种胸怀，是一种境界。女孩在成长中不仅要学会学习，更要学会做人，学会关心别人，学会体谅别人。在日常的学习与生活中，如果我们也有这份同理心，多换位思考，多一分理解，就可以减少许多隔阂与误解。心怀一颗同理心，会让生活变得更美好与愉快！

情商训练营

## 培养同理心的3个步骤

俗话说："你愿意人怎样待你，你也要怎样待人。"在人际交往中怀有一颗同理心去关怀、理解他人，自己也会得到他人的理解和帮助。那么同理心要如何培养呢？

首先，要学会倾听。倾听首先是要听，不要老是自己说，要给听留出一定空间。

其次，要换位思考。能够将当事人换成自己，设身处地去感受和体谅他人，并以此作为处理工作中人际关系、解决沟通问题的基础。

最后，要识别情感。善于从他人的表情、语言、语调中体会出他人的情绪与态度。

# 尊重他人的感受

### ❋ 情商培养点：尊重他人就是尊重自己

美国著名的人际关系学大师戴尔·卡耐基说过："人与人之间需要一种平衡，就像大自然需要平衡一样。不尊重别人感情的人，最终只会引起别人的讨厌和憎恨。"每个女孩都希望得到他人的肯定和尊重，在人际交往中，尊重他人是获得他人尊重的前提。只有尊重对方，考虑到对方的感受，交际活动才能顺利进行。女孩要铭记：每一个人都有自尊，人人都需要尊重。

那年春末，黄老师到一所中学去监考。

发卷的时候，她发现，靠近讲台的一个女生怪怪的，左手藏在袖口里，遮遮掩掩的，不愿伸出来。和黄老师一起监考的，是另一所学校的一位女老师，她也注意到了这个细节。随后，她俩便开始留意这个女生。在她们想来，她袖口里的那只不愿示人的手，一定藏着什么秘密。

考场里静悄悄的，学生们都在全神贯注地答题。只有这个女生，一边答题，一边有意紧藏着她的那只手，一边还不自觉地环顾着左右，神色紧张而怪异。这更加坚定了她们的怀疑：她的手里一定攥着小抄，或者其他用来作弊的什么东西。

然而，她们错了。半小时后，也许女生做题做得太过专注，一不小心，她露出了自己的左手——天哪，这个女生的左手居然没有手指头。

原来，她竟是一个有残疾的学生！

这多少有些出乎她们的意料。愧疚之余，不禁心生悲悯。那位女老师，更是一脸的痛楚，小声地嘟囔着："怎么会是这样？多可怜的孩子啊，多可怜的孩子！"

考试进行到一半的时候，有一道地理题需要改动。办公室送来了一沓纸片，纸片上，印着一个国家的地形图。监考老师们分发给学生们，然后让他们各自粘在试卷的答卷纸上。由于地形图是临时赶印出来的，太过匆忙，这些纸片裁剪得很粗糙，考生们只有自己动手把4个毛边撕去，大小合适后，才能贴在试卷上。

这下，可难为了这个女生。大概她还是不愿让别人看到她的那只手，就用左胳臂使劲压紧纸片，右手一点一点地撕。然而，那张小纸片仿佛不听话，只要她一用力，就从她的胳臂下跑出来，再压下去，再跑出来。她急得都有些冒汗了。

"这位同学，我可以帮你吗？"女老师走过去，俯下身子，声音低低地征询女生的意见。女生抬起头，看了看，迟疑了一下，还是把纸片给了老师。

然而，女老师并没有立即动手，她把那张纸片放在讲台上后，便满考场寻找着什么。黄老师有些纳闷，这不是很简单的一件事嘛，她究竟想要干什么呢？

不一会儿，女老师从一个学生那里找到了一把小刀。然后，她坐在讲台前，一点一点小心翼翼地裁剪那张纸片，"哧——哧——"，小刀割裂纸片的声音很好听。黄老师和女生看着她做这一切。说实话，那一刻，女老师坐在讲台前慈祥得像一尊佛，她专注的神情，仿佛是在完成一件精致的手工艺品。

随后，她微笑着把这张小纸片轻轻地放在女生的桌子上。女生欠了欠身子，低低地说了声"谢谢"。她拍了拍女生的肩膀，说："赶紧答题吧。"然后就走开了。

然而，黄老师还在

知识加油站

惠特曼，美国著名诗人、人文主义者。诗集《草叶集》是惠特曼一生创作的总汇，也是美国诗歌史上的一座里程碑。

纳闷着。一张小纸片，手也完全可以撕得很整齐，为什么一定要找把小刀来呢？

考试结束后，黄老师道出了心中的不解。那位女老师笑了，说："这个女生所残缺的是一只手。我不想在她面前，用自己灵巧的手指头去撕那张纸片，那样的话，会撕碎这个女孩的心。我满考场去寻找一把小刀，就是想借助小刀，避开对她的这种伤害。"

一直以来，小刀在黄老师心中，不过是冰冷的铁片而已。而那年春天，她懂得了，原来，即便是锋利而冰冷的一把小刀，也会裁剪出人性的温暖来。

美国诗人惠特曼曾说："不尊重他人，就是对自己的不尊重。"尊重他人是我们在与他人交往中应该拥有的基本美德。将心比心，即使你是在帮助别人，也要尊重被帮助者的尊严，要学会考虑他人的感受，用一颗细腻的心去体味对方的感受，不要让好意的帮助成为伤害。

**情商训练营**

## 学会尊重他人很重要

在学习、生活中，只有拥有一个和谐的人际关系，才能保持身心愉悦，才更容易成功。尊重他人又是拥有良好人际关系的首要条件。女孩如何做到尊重他人呢？

首先，在交往中，要保持真诚、热情的态度。热情的态度会使人产生受重视、受尊重的感觉。如果对人冷若冰霜，会伤害别人；但过分热情，则会使人感到虚伪、缺乏诚意。

其次，要给人留面子。所谓面子，就是自尊心。每个人都有自尊心，失去自尊对一个人来说，是件非常痛苦的事。维护自尊，希望得到他人的尊重，是人的基本需要。

最后，允许他人表达思想，表现自己。当你和与自己性格不同的人交往时，应尊重对方的人格和自由。当别人和自己的意见不同时，不要把自己的意见强加给对方。

## 值得你学习的交往原则

1. **平等原则**

人与人之间虽然总是存在各种各样的差异，但是我们每个人都拥有同等的权利和尊严。女孩与人交往应做到一视同仁，不要嫌贫爱富，不能因为家庭背景、地位职权等原因而对人另眼相看。

2. **真诚原则**

真诚沟通是人际交往得以延续和发展的保证。交往中只有真诚待人，实事求是，做到胸怀坦荡，言行一致，人与人之间才能相互理解、接纳、信任，这样才能产生感情的共鸣，才能收获真正的友谊。

3. **宽容原则**

在与他人交往中，往往会产生误解和矛盾，这就要求女孩在交往中不要斤斤计较，而要谦让大度、宽容忍让，不过分计较对方的态度和言辞，谅解他人的过错。宽容是一个人涵养、素质的体现，是建立良好人际关系的润滑剂，能帮助你"化干戈为玉帛"，赢得更多的朋友。

4. **尊重原则**

尊重包括自尊和尊重他人两个方面。自尊就是要尊重自己，维护自己的尊严，不要自暴自弃。尊重他人就是要尊重别人的生活习惯、兴趣爱好、人格和价值。只有尊重别人才能得到别人的尊重。

5. **互助合作原则**

互相关心，互助互惠，是人际交往的客观需求。在学习中，同学有不懂的问题你热情帮助解答，当你有难题的时候他人也会愿意帮助你，大家互帮互助，共同促进学习进步。

# 第三章

# 细节虽微小，关系却重大

## ——细节决定成败

　　著名企业家戴维·帕卡德曾经说过："小事成就大事，细节成就完美。"细节影响品质，细节显示差异，细节体现品位。一滴水可以折射出太阳的光辉，一件小事可以看出一个人的内心世界。亲爱的女孩，如果你想要在学习和以后的工作中取得成功，必须从点滴的事情做起，从细微之处入手。认真对待每个细节，成功就会不期而至。

# 天下大事，必作于细

## ❀ 情商培养点：注重细节是一种良好的习惯

中国道家学派创始人老子有句名言："天下大事，必作于细；天下难事，必成于易。"要成大事必须从小事做起，要解决难事必须从容易的事做起。小事就是大事的开始，点滴汇成海洋。只有认真将每一件小事做好，才能赢得机会去做成大事。

李璐是综合医科学校的学生。作为一个很有个性的女孩，她从来不崇拜大人物，对很多问题有自己独到的见解。她渴望早日获得成功，但是她觉得做身边的小事没有任何意义，对百无聊赖的生活感到厌倦。她把自己的想法告诉了老师，在老师的推荐下，她阅读了一些哲学启蒙读物。

她在书中发现了这样一句话："一个人最重要的不是去追求远方的模糊，而是要把手头的具体事情做好。"这时候，她才明白：一个人不管理想多么崇高，都要一步一步地实现；不论多么浩大的工程，都需要一砖一瓦地堆积起来。

从那以后，李璐开始埋头读书，半个学期后，她成为全年级最优秀的学生。两年之后，李璐以全校最优秀的成绩毕业了，毕业后，她来到一家比较出名的医院当了医生。在行医中，她一丝不苟，认真地对待每一位患者，兢兢业业的工作态度受到了欢迎，很快，李璐成为当地的名医。

人生是一个积累的过程，一个人只有从每一件小事做起，不断积累，才能成就一番事业。很多人自视甚高，总想一开始就做出一番惊天动地的大事来，而对于身边琐碎的小事却不屑一顾，结果走入了一个误区。聪明的人知道成功需要一步一个脚印地努力，所以能安心从小事做起，把手边具体的事情做好，在小事中不断提升自己的能力，从容易的地方开始，不断完成越来越难的任务，最终成就大业，实现人生的梦想。

**知识加油站**

老子，又称老聃、李耳，是我国古代伟大的哲学家和思想家、道家学派创始人，著有《道德经》（又称《老子》）。

**情商训练营**

### 女孩在学习中要注意的细节

有的女孩在学习上往往只追求速度，看书图快不求甚解，做作业只是走过场不注重细节，导致学习跟不上。所以在学习中，要养成注重细节、追求完美的习惯，重视学习中的每一个环节。

第一，做作业的时候，旁边放上演算的草稿纸。

第二，建立"改错本"，每次作业和考试之后把错误的知识记录在案，找出错误的原因。

第三，经常总结自己所学的知识，切实知道自己的知识薄弱环节，查漏补缺，并设法攻破难点问题。

第四，掌握课本中要求掌握的基础知识，并经常温故而知新。

第五，学会收集资料，并保管好资料，说不定什么时候就用得上。

第六，除了课堂知识，自己要有意识地拓展知识面，多学习一些课外相关的知识。

# 马马虎虎要不得

※ **情商培养点：粗心大意是成功路上的拦路虎**

人常说："千里之堤，毁于蚁穴。"火箭发射中的一点儿细微的疏忽就足以导致发射失败，最终造成巨大的经济损失；火车司机的一点儿疏忽就可能酿成两列火车相撞的悲剧，造成人员的重大伤亡和财产的巨大损失。这样的实例不止一次地证明，马虎的毛病要不得，必须彻底改掉。

小蕊是一个漂亮的小姑娘，她的朋友却经常叫她"粗心的小蕊"。

小蕊经常到处乱放东西，上学的时候总是丢三落四。已经上五年级了，还需要妈妈在她上学后帮她收拾房间。

妈妈提醒小蕊，从小要养成细心的好习惯，总是这样粗心不仅会影响学习成绩，长大了还会妨碍自己的事业。可是小蕊却不以为然，妈妈的话，她一只耳朵进一只耳朵出。

有一天，小蕊在花园里看书，好朋友安琪来找她："小蕊，我的堂弟要借我的《鲁滨逊漂流记》画册，你早看完了吧，快还给我哦。"

"哦，那让我找找吧。上次拿回来的画册放在哪里我现在记不起来了。"小蕊焦急地问在做家务的妈妈放在哪里了。

"一直是在你的房间里的，难道你不记得了吗？"

"哦！我知道了。安琪你等一下，我马上拿给你！"小蕊担心自己弄丢了，那样安琪会生气的。

小蕊来到了自己的房间，却看到宠物狗正在撕咬画册——这本精致的《鲁滨逊漂流记》已经被狗咬烂了！

"哦，我的天哪，那可是姑姑送给我的生日礼物啊！"安琪生气地喊道，"小蕊，看看你是怎么保管我的图书的？你一点也不懂得珍惜它！"

安琪哭着离开了。伤心的小蕊也忍不住流下了眼泪。

妈妈安慰小蕊说："你是不是把画册放在了小狗可以够到的地方？以前提醒过你多少次了。我去买一本新的还给安琪吧，你以后不能这么粗心了！"

这件事之后，小蕊变了，做事情也细心了。安琪原谅了她，她们又成了好朋友。

一位著名的企业家曾经说过："要想比别人更优秀，只有在每一件小事上比别人更认真。"无论什么事，一定要认真、细心地做到

知识加油站

《鲁滨逊漂流记》，是英国作家丹尼尔·笛福59岁时创作的第一部小说，享有英国第一部现实主义长篇小说的头衔。

位。越是处理小事的态度越能看出一个人的素质，越是不起眼的细节越能看出一个人处理问题的能力。粗心大意往往使你与成功失之交臂。

## 改掉马虎的坏毛病

情商训练营

有的女孩做事总是很马虎，这是一个不好的习惯。许多人的失败都是由于粗心造成的，我们做任何事情都来不得半点马虎。那么，如何才能改掉马虎这个毛病呢？主要的方法有两个。

其一，做事前要想一想粗心、马虎所带来的严重后果，以便使自己在思想上引起足够的重视，进而转化为实际行动，养成认真、仔细的习惯。

其二，事后要认真检查，发现疏忽、遗漏要及时弥补，发现哪些环节、哪些地方有欠缺要尽快补正。

# 细微之处成就美丽

**❋ 情商培养点：取得成就的基础，是将那些平凡的小事做细**

细节常常是具体的、琐碎的、不经意间的，它也许过于平淡，也许鸡毛蒜皮，你或许不屑一顾，或许不以为意。然而若能处理好生活中的细节，它就会绽放出细节之美。

玛利亚和妹妹安妮同在一所学校读书。一次，学校为了募捐，排练了一部名叫《圣诞前夜》的短话剧，妹妹安妮兴致高昂地参加了演员报名。定完角色的那一天，安妮闷闷不乐地回到了家。原来，短剧里只有四个人物，而安妮被定为扮演一只狗。

玛利亚以为安妮会退出，但是在爸爸的鼓励下，安妮积极地参加了每一次的演出排练。安妮练得非常认真，为此她还专门买了一副护膝，这样她在舞台上趴着的时候，膝盖就不会疼了。安妮自豪地告诉家人们，她所饰演的角色名字叫作"波比"。玛利亚不屑一顾，她觉得一条狗有什么好演的。演出那天，玛利亚翻了翻节目单，看到了安妮——"波比"（狗）。玛利亚看到整个礼堂里全是人，其中还有很多认识的熟人和朋友，于是赶紧找了个偏僻的角落坐了下来。她觉得有一个饰演狗角色的妹妹，是件非常丢人的事情。

演出很快开始了，饰演"父亲"的男主角首先登场，接下来"母亲"缓缓走了出来，之后上台的是剧中的"儿子"和"女儿"。他们分别蹲在父亲的两侧，随后一家人开始聊天，这时候，安妮穿着狗的道具，手脚并用地出场了。

安妮饰演的"波比"并不是简单地爬，她蹦蹦跳跳摇着尾巴跑进了客厅，先在地毯上伸了个懒腰，然后在壁炉前卧了下来，开始呼呼大睡，动作惟妙惟肖，一气呵成。接下来，"父亲"开始讲圣经故事，他刚说到"圣诞前夕……"突然，"波比"从睡梦中醒了过来，机警地向四周看了看，神态和小狗一模一样。

"父亲"继续讲道："突然，屋顶传来一声……"这时候，安妮扮演的"波比"再次惊醒了过来，似乎发现了什么异常，望着屋顶，喉咙里发出呜呜的低吼声，简直太逼真了。观众的注意力已经完全被安妮扮演的"波比"给吸引住了，台下响起了热烈的掌声。

名人心语

那些做小事情时总是持有轻率态度的人，所做的大事情是非常不值得信任的。

——物理学家
爱因斯坦

原来，那天晚上，安妮垂头丧气地回到了家里，爸爸对她说："即使只是扮演一只小狗，只要你以演主角的态度去演，那么狗也会变成主角。"从那天起，安妮彻底改变了看法，这样，才有了台上精彩的一幕。

俗话说："把简单的招式练到极致就是绝招。"细心的人把取得卓越成就的希望，寄托在能否将那些别人忽视的再平凡不过的小事做细。安妮没有一句台词，扮演的是一个不起眼的小角色，但是却用自己细致入微的表演抢了整场戏的风头。哪怕事情微不足道，也会认真地把它做细、做好。细微之处见精神，有做小事的精神，才能产生做大事的气魄。只有将小事做好，努力把小事做细，小事成就大事，细节就能成就完美。

**情商训练营**

## 如何把小事做细

很多小事，一个人能做，其他的人也能做，只是做出来的效果不一样，关键在于是否在细节上下功夫。把不起眼的小事做细，既体现一个人的素质，也决定一个人做事的质量。女孩想要更优秀，就要学会把小事做细。

第一，重视每一件小事，对每一件小事怀有认真负责的态度。

第二，用心做好每一件小事。只要用心，我们就会看到细节，看到细节背后事物的内在联系，就能够做好细节。

第三，在细节中寻找机会，发现创新点，力求把事情做到更好。

# 做好每一件小事

## ※ 情商培养点：天下无小事，事事要做好

"把每一件简单的事做好就是不简单；把每一件平凡的事做好就是不平凡。"一个人日常所做的事情，常常都是一些小事，往往与我们所期待的理想相距太远。不过，正是这些小事累积起来的经验和知识，可以作为我们迈向成功的阶梯。

有一天，一个名叫野田圣子的女孩来到东京帝国酒店上班，这是她步入社会的第一份工作。她很重视，并暗下决心"一定要干好！"

让野田圣子没有想到的是，她的工作竟然是清洗厕所！而且要求把马桶清洗得光洁如新！

野田圣子是一个非常爱干净的女孩，所以当她用手拿着抹布伸向马桶时，恶心得几乎呕吐出来，感觉浑身都难受。

正在这时，一位老师傅走

知识加油站

野田圣子，1960年生于日本福冈县，37岁任邮政大臣，是日本当时内阁中最年轻的阁员。

了过来，从她手中接过抹布，熟练地洗刷马桶，一会儿工夫，就把马桶抹洗得清洁光亮。然后，她从马桶里盛了一杯水，很自然地喝了下去，脸上也没有流露出丝毫勉强的神色。这让野田圣子目瞪口呆！

实际行动胜过千言万语。老师傅以自己的敬业精神和实际行动为野田圣子树立了一个标杆：只有马桶的水达到可以饮用的程度，才算是把马桶洗刷干净了。

有老师傅做榜样，野田圣子表示："就算一辈子洗厕所，我也要做一名出色的清洁工！"

从此，野田圣子开始认真地清洁马桶。最后，经她洗刷的马桶也可以达到老师傅所擦洗的清洁程度了。她还曾多次喝过马桶里的水呢。慢慢地，她从点滴之中养成了做好每一件小事的习惯。

秉持做好每一件事的态度，经过十几年的努力，野田圣子终于成为日本内阁邮政大臣，攀登到了自己人生事业的又一座高峰。

再高的山都是由细土堆积而成，再大的河海也是由细流汇聚而成，再大的事都必须从小事做起。先做好每一件小事，大事才能顺利完成。不要小看小事，不要讨厌小事，只要有益于自己，不管做什么事情，我们都应该全力以赴。能否取得卓越的成就，取决于能否将那些再平凡不过的小事做好。

## 做好身边的每一件小事

情商训练营

人生无小事。我们所做的每一件事都是对自身修养的一次锻炼。当你鄙视一件小事时，就失去了一次锻炼的机会。女孩想要成就大事就要从做好身边的每一件小事开始：做好每一次作业，做好每一次卫生，关好每一盏灯，拧紧每一个水龙头，捡起每一片废纸，帮父母做好每一次家务，与每一个人处理好关系等。

# 抓住细节，收获成功

## ❋ 情商培养点：抓住细节就抓住了成功的机会

美国思想家、诗人爱默生说："细节在于观察，成功在于积累。"细节，生活之源；细节，成功之根；细节，成功之始。关注生活中的细枝末节，在学习、生活中积累点滴的细节，也许你就能做到别人做不到的事情，从而产生令人意想不到的结果。

一天，道尔教授把自己多年积攒下的论文手稿全部搬进教室，接着把这些手稿分给在座的学生们，说："请大家仔细工整地把自己手中的稿件抄写一遍。"

当学生们打开道尔教授的论文手稿时，发现这些手稿已经非常工整了。几乎所有的学生

**知识加油站**

爱默生，美国思想家、文学家、诗人，是确立美国文化精神的代表人物。美国总统林肯称他为"美国的孔子""美国文明之父"。

都认为重抄一遍是多此一举，根本没有这个必要。

这时，同学们纷纷小声议论起来。

有的学生说："做这种没有价值而又烦冗、枯燥的工作简直是在浪费自己的青春和生命。"

有的学生说："有这些时间，还不如多发挥自己的聪明才智去搞些研究。"

他们的结论是，只有傻瓜才会坐在那里当抄写员。最后，他们都去实验室里做研究去了。

唯独一个女孩留在教室抄写教授的论文手稿。

一个学期以后，女孩把抄好的手稿送到了道尔教授的办公室。

一向和蔼的教授严肃地看向女孩并对她说："我向你表示崇高的敬意，孩子！因为只有你完成了这项工作，而那些我认为很聪明的学生，竟然都不愿做这种繁重、乏味的抄写工作。其实，我们从事医学研究的人，不光需要聪明的头脑和勤奋的精神，更需要具备脚踏实地的精神。特别是年轻人，往往急于求成，容易忽略细节。要知道，医理上走错一步，就是人命关天的大事！抄那些手稿，既是学习医学知识的机会，也是一种修炼心性的过程。"

女孩听了教授的话，深刻地领悟到了其中的道理。

从那以后，女孩一直谨遵导师的教诲，踏踏实实做人，一直保持认真踏实的学习态度和研究作风。

完美取决于细节，这是成功的重要条件。一些人看似平凡，没有成功的迹象，但是某天却"突然"成功，而这些成功大多是一点一滴的积累。正所谓"千里之行，始于足下"，只要我们抓住每一个细节，从小处着手，最终总会走出一条成功之路来。

情商训练营

## 三个步骤做一个细心的人

有一句名言是这样说的："对微小事物的仔细观察，就是事业、艺术、科学及生命各方面的成功秘诀。"女孩要取得成功就要能够发现隐藏在生活、学习中的细节，做一个善于观察的细心的人。怎样才能做一个细心的人呢？

首先，要集中精力，重视眼前。全力以赴地把握眼前，重视当下所从事的工作和事务，把手下每件事情处理圆满，才能把握生命的内核，拥有充实愉快的生活。

其次，需要排除干扰，稳定情绪。要真正做到细心谨慎，必须要处理好自身的各种心理困惑，保持一颗平静的心，正所谓"宁静而致远"。

最后，赋予自己责任，切实用心。只要能够负起责任，油然而生一种神圣的责任感和使命感，就可能激发我们全部的智慧，挖掘我们无穷的潜力。

# 把时间充分地利用起来

※ **情商培养点：珍惜细微的时间，能更好地充实和完善自己**

德国作家歌德说："把时间用得节省些，我很可能把最珍贵的金刚石拿到手。"如果说金钱是商品的尺度，那么时间就是效率的尺度。节约点滴时间，是许多人成功的秘诀。慎重对待我们身边的每分每秒，学会掌握它们、利用它们，会使我们更好地充实自己，完善自己，为今后前进的道路打下坚实的基础。

一个秋日的下午，学生们陆续回家了，校园里恢复了宁静的氛围。

女生琳达像往日一样，利用课后时间来到学校的琴房练琴。她打开琴盖，弹奏起理查德·克莱德曼的名曲《秋日私语》，优美的旋律回荡在空旷的琴房里，纯美的音质显示出弹奏者深厚的功底。琳达完全融入其中，忘却了周围的一切。

这时，悠扬的琴声吸引来了一位年轻的老师，这位老师听见琴房的声音后轻轻地走了进来。

琳达丝毫没有觉察到老师的到来，老师也没有任何打扰的意思，只是站在琳达的旁边用心地听着。

这首曲子弹完后，站在身旁的老师拍手叫好。这时，琳达才注意到这位年轻的老师。

老师羡慕地问琳达："我是新来的数学老师，你弹奏得太棒了！如果我能像你这样娴熟地演奏，需要练习多长时间？"

琳达微笑着说："10分钟。"

老师感到疑惑也很吃惊。

琳达认真地说："是真的！不过我说的是每天10分钟。"

两个人交谈了一会儿，谈话中老师不停地点头称赞。原来，琳达只是一个八年级学生，以前根本不具备多少音乐常识。5年前，一个富商捐赠给学校一架钢琴，因为学校里几乎没有人会弹，那架钢琴便一直放在琴房里，很少有人碰它。于是，琳达便利用每次课间的10分钟，到琴房里练琴。每次练习她只有10分钟的时间，上课铃声一响，她就得赶紧跑回教室。

后来，学校里有了音乐教师，她仔细听了琳达弹的《秋日私语》，除弹错一个音符外，其他地方竟然无懈可击。5年来，就靠这每天的10分钟，琳达的演奏竟达到了这样的水平，已经远远超出了一般人的想象，连音乐教师也由衷地为她鼓掌。

知识加油站

卢梭，法国伟大的启蒙思想家、哲学家、教育家、文学家，是18世纪法国大革命的思想先驱，启蒙运动最卓越的代表人物之一。

法国思想家卢梭说："浪费时间是一大罪过。"时间是每个人与生俱来的一笔财富，而善于掌握和运用这笔财富，则是一种对生命的经营。

短短的 10 分钟，只是闲聊一会儿的时间，琳达却能够充分利用它来练琴，既学会了音乐知识，丰富了课余生活，又陶冶了情操，使她那个 10 分钟拥有了更高的价值。不积小流，无以成江海。在别人放过那些细微的时间沙砾时，细心的人却把它们一一拾起，用这笔财富进行了一项项技能投资，充实和完善着自己。亲爱的女孩，在我们的生活中，还有许多零碎的、不足为道的 10 分钟，你想好要怎样利用起来了吗？

## 怎样充分利用时间

情商训练营

我国伟大的文学家、思想家、革命家鲁迅先生曾经说过："时间就像海绵里的水，只要愿意挤，总还是有的。"人的生命和时间都是有限的，把有限的时间利用起来，你会比别人得到的更多。细心的人，懂得时间的宝贵，不会虚度自己生命中的每一分钟。那么，女孩在平时应该怎样高效利用时间呢？

第一，培养时间观念。养成良好的时间观念是一个人做事成功的基本前提。

第二，培养勤奋精神。对待时间的态度不同，时间贡献的效益也就大相径庭了。

第三，做事抓紧时间。从小养成"今日事，今日毕"的习惯，各门作业要按时完成，不要拖延。

第四，提高时间的利用率。剔除浪费时间的活动，从而达到花尽量少的时间，完成尽量多的事情的目的。

## 如何培养细节意识

### 1. 从小事做起，注重细节

一个人习惯好不好，素质高不高，往往体现在一些小事上。女孩要注意自身的细节，时刻提醒自己。例如，注意自己的站相、坐相、吃相，注意待人接物的礼仪等。一开始的时候可能有些累，慢慢你就会习惯了，习惯这些小细节，会让你一辈子受益。

### 2. 注重每一件小事

在我们的学习和生活中，小事是我们接触最多的事情，也往往正是这些小事决定着事情的成败。算好每一道习题，做好每一次早操，关好每一盏灯……用心对待学习和生活中的每一件小事，对每一件小事抱有认真的态度，自然而然就会养成注重细节、追求完美的习惯。

### 3. 把不起眼的小事做细

考验一个人能力的最好办法，就是看他是否能用心做"小事"，能否将小事做细、做透。做好小事，看到细节背后事物的内在联系，把不起眼的小事做细，才能够有坚实的基础去做大事情。

### 4. 细心观察，抓住细节

机遇是世界上最宝贵，也最难寻觅的东西，是每个人都想要得到的。机遇往往藏匿在细节当中，抓住机遇的前提，就要修炼一双会发现的眼睛。学会观察平凡的小事，观察每一点不同，关注细微的差别，发现藏在细节中的每一个机会，机遇往往就会不期而遇。

# 第四章

# 自己的事情自己做

## ——独立能力决定未来

　　我国著名教育家陶行知先生说过："滴自己的汗，吃自己的饭，自己的事情自己干，靠人靠天靠祖上，不算是好汉。"这句话就是告诉我们，自己的事情自己做。亲爱的女孩，未来是属于你自己的，未来的路要靠自己去走，未来的生活要靠自己去创造。只有自己去尝试体验，成为一个独立的人，才能感悟生命的意义，从而驾驭理想的风帆，驶向成功的彼岸。

# 成功的大门靠自己开启

※ **情商培养点：双手插在口袋里的人，永远爬不上成功的梯子**

自立，是女孩应具备的情商素质之一。自己的事情自己做，力所能及的事情不要依赖父母。这样，逐渐长大后，离开父母的怀抱和呵护，也能自己面对激烈的竞争，迎接人生中的挑战。

小涵9岁那年，在一个寒风凛冽的夜晚，她已经记不清到底因为什么惹父亲发脾气了，只记得他一怒之下把小涵关在屋门外面，一句话也不说就插上了门闩。

街门外，漆黑一片，什么也看不到，寒风刮到脸上，又冷又疼。站在黑暗中，所有可怕的东西好像一瞬间从四面八方涌来，奶奶常讲的专吃小孩的黑狸猫，爷爷见到过的拐卖小孩的疯老人，还有查克斯，小涵最害怕的屠夫……

也就在小涵最害怕的那一刻，邻居家的狗不知为什么歇斯底里地叫起来，小涵"哇"地哭了出来。她的哭声就好像警笛一样响亮，因为小涵想向家人传递一个信号，告诉他们她很害怕，她需要他们的帮助。

以往，不管因为什么原因遭到父亲的训斥，只要小涵一哭，奶奶就会护着小涵，姑姑也会跑来抱着她，不让任何人碰她一个手指头。

于是小涵以为这次她的哭声依然能招来奶奶，让奶奶用她温暖的棉袄把小涵抱回去。

可是，嗓子都快哭哑了，依然没有听到奶奶的脚步声。小涵很奇怪，为什么家人都不管自己了，想到这些，她的哭声慢慢小了下来。这时候她听到父亲的吼声："就会哭，今天没人给你开门！"

父亲的话让小涵明白哭已经无济于事，如果奶奶已经被父亲说服，那么家里已经没有人敢给小涵开门了。想到这里，小涵止住哭声，开始使劲推门。那时候屋门是两扇对开的，使劲推能推开一个小缝，伸手就能够到门闩。小涵使出全身的力气推门，并把手伸进去，够着门闩，一点一点地挪动，也不知过了多长时间，门终于被小涵弄开了。

名人心语

我们虽可以靠父母和亲戚的庇护而成长，倚赖兄弟和好友，接受别人的扶助，因爱人而得到幸福，但是无论怎样，归根结底人类还是要依赖自己。

——德国诗人 歌德

站在院子里，小涵看到奶奶、父亲、母亲，还有脸上流着泪的小姑。长大以后才知道，那晚奶奶并不是没有听到小涵的哭声，小姑已经走到了门后，母亲因为此事和父亲吵了起来。

但父亲阻挡了所有人对小涵的援助，他说："让她自己开门进来。"也正是那晚的独自开门，让小涵渐渐独立起来，也让小涵明白：任何人的帮助只能是一时而不是一世的，想回家，必须自己开门。

小涵长大之后，果然成了一个不让父亲失望的女孩子，她一直都在各方面努力争取做到最好。在别人询问她为什么能这么优秀的时候，小涵笑着说："其实我并不优秀，我只是知道，要想进去，就只有靠自己去开门。"

想要获得成功，唯一的办法就是"自己去推开那扇门"，这个简单的道理父亲就是通过这个方法让小涵明白的。没有人会为你打开门的时候，我们就自己伸出手，这样做其实很简单。

情商训练营

## 培养自立能力的3个步骤

在日常生活中，很多女孩都会有怕黑、怕陌生人、怕自己做事的心理，这样的女孩常会感觉缺乏安全感，并且特别希望得到外界的保护。但是女孩要明白：自己要走的路很长，没有人可以扶持着你走一辈子，女孩必须要摆脱依赖，学会自己走路。那么，培养自立的能力，可以从以下三方面做起。

第一，要有自立意识，自主精神，克服依赖心理。

第二，懂得管理和安排自己的生活。

第三，大胆投身社会实践。学会基本的生活技能，有意识地做自己力所能及的事，在生活的细节中学会自立。

# 自己的路自己走

**❋ 情商培养点：独立精神，是迅速成长起来的强大力量**

日本启蒙思想家福泽谕吉说："没有独立精神的人，一定依赖别人；依赖别人的人一定怕人；怕人的人一定阿谀谄媚。"独立是女孩走向社会之前必须学习的一项技能，越早学习独立，就越有利于女孩自理能力的完善。女孩要想以后有所成就，就要养成独立自主的个性。

安丽斯在芬兰的住所前后都是树林，然而却有着不同的风景。

住所前面，一片平地上有两架秋千，一间小屋，几条凳子和一个大棚，棚内的地上铺满了沙子。

一天，两个4岁模样的孩子拖着船形的滑雪板，上面放有小书包、靠垫、小铁铲和小簸箕等，踩着齐腰深的厚雪，连跌带爬地推开小屋的门，进去了，随后门关上了，好半天也不见他们出来。安丽斯又好奇又着急，室外是零下10摄氏度啊！朋友维德说："不用着急，他们肯定玩得正欢呢。"

芬兰，欧洲北部的一个国家，因其国内湖泊众多，有十多万个，因此有"千湖之国"之称。时间一长，安丽斯发现凡有民居的地方，都有秋千、小屋、凳子、大棚等，这是专为孩子们准备的。凳子是休息用的，秋千是练胆量的，木棚是供孩子们在大雪覆盖时照样有一块沙地可以活动的。小屋内有小桌子、小凳子，板壁上有各式各样的儿童画，是孩子们活动的小天地。而活动的内容，全由孩子们自己决定。

活动结束后，他们也许讲给大人听；如若不讲，大人也绝不去问；如果父母陪同来，只能在门外等候，也不许偷看，不然就是不尊重人，也算是侵犯隐私权。

住所后面，是一个土丘，满是松柏，覆盖着厚厚的雪。下了土丘不远，是一所九年制的学校。学生们往返于学校、家庭之间，宁可翻过土丘，也不愿走平地绕圈子。这对大孩子来说，困难不大，况且他们中有人还带着滑雪工具，伺机便滑一程；而对那些低年级的孩子们来说，困难就大得多了。

这些孩子们背着大而沉的双肩包，足以遮挡住他们的上身。没有大人接送，全凭他们那穿着连衣皮靴的小脚，踩进齐腰深的厚雪，又拔出来，再踩再拔，慢慢地向前挪动。有的脚拔不出来，想用手撑一下帮忙，结果手也插进去了，人便趴在雪上。这时他们不叫不哭，不乞求别人帮一把。安丽

**知识加油站**

福泽谕吉，日本著名的启蒙思想家、教育家。他毕生从事著述和教育活动，形成了富有启蒙意义的教育思想。

斯见过多次，孩子走路跌倒了，或者陷在雪地里了，大人就站在旁边看，不吭声，不指点，硬是等着孩子自己爬起来。

一次去滑雪场，见一男子后面跟着一个小孩，最多有 8 岁。不一会儿，孩子就陷进雪里动弹不得了，而那男子只管向前走。安丽斯大步上前，想抱起孩子。男子觉察了，摇手阻止安丽斯，咕噜了几句，继续向前走去。孩子不哭，不急，只是努力地拔出小脚，但

没站稳，便顺着坡势滑向人行道，爬起后，又走上雪坡，追赶那位男子去了。

陪安丽斯去滑雪场的朋友告诉她，那男子的"咕噜"是说"孩子的路由孩子自己走"。

自己的路自己走，这是一个很多女孩都明白的道理，但是却没有多少人会去执行。摔倒了，自己爬起来，即使遇到挫折也会自主地去解决，而不是一心一意地等别人来帮忙。女孩要想独立，就不能过多地依赖父母，不能一味地等待别人的帮助，要自己学会面对艰难困苦。

## 如何成为具有独立精神的人

你能独立思考问题吗？你能独立查找学习资料吗？你能独立完成作业吗？你能独立对事情做决断吗？独立精神，是成功者的基本素质。女孩要学做一个具有独立精神的人。

培养独立精神要"动手"，从小事做起，从细微处着手。别小看这些小事情，小事情积累起来，就成大事情。如果这些事情你都做好了，就可以去参加社会实践了，去兼职，去做社工，学会与人相处，学会容忍，学会合作，学会宽容，学会职业化，学会社会化，学会爱人。当然，最后你也终将被人所爱，成为具备独立人格的人。

# 把自己看作独立的个体

※ **情商培养点：真正的人有自己独立的人格**

法国军事家拿破仑说："人多不足以依赖，生存只能靠自己。"自立自强是一项很重要的情商素质。生活中，善于驾驭自我命运的人，是最幸福的人。人生当自主，过分依赖他人，在他人的安排下生活，享受不到创造之果的甘甜。

一直以来，妈妈都把小英当作什么都不能干的小孩。虽然她今年已读小学六年级了，可妈妈从来都没让她做过任何家务。原以为小英在妈妈全方位的照顾下会感到很快乐，谁知小英却因此给妈妈写了一封长达 700 字的信，令妈妈大吃一惊。

亲爱的妈妈：

您好！

我今年已 11 岁了，但在你们的眼中，我永远是个孩子。你们永远护着我，使我失去了同龄人原有的自由。有时我真想大声告诉你们："我长大了！"但是我始终没有开口，是因为你们爱我才护着我，我不想让你们伤心，我理解你们的心。但是，我更渴望你们能够理解我。

妈妈，您把所有的心思都放在了我的身上，让我衣来伸手、饭来张口，可是这样却使得我什么都不会做。我知道这就是您眼中所谓的母爱，我知道那是您的关心，但请您给我一点自由行吗？非要把我弄得窒息不行吗？我真的不是小孩子了。

其实，有很多事情，您都可以试着放手，让我来做，我会尝试去做得很好。

妈妈，您还记得那次吗？那天我看见奶奶在厨房做饭，我也很想学一学，便叫奶奶教我。

烧菜必须从最基本的开始学起，唉，说来惭愧，我长这么大还不会开煤气，所以要先学会开煤气。奶奶先做了个示范，我也跟着开了一次，那燃起的火焰，令我激动万分。正当我想要开第二次时，您发现了，连忙走了过来，

生气地说道："你这是在干什么，烧菜、开煤气是你能干的吗？也不想想后果，万一出了差错，爆炸了，起火了那可怎么办……"说着上前关了煤气，嘟嘟囔囔地让我离开。看着您坚决的眼神，我知道又没得商量了。这也代表着我又一次放弃了尝试。

妈妈，我要告诉您的是：我知道您不让我轻易去尝试做事，是关心我，不想让我受到伤害。可是，您知道吗？我现在已经11岁了，都快小学毕业了，我完全可以帮您做些事的。如果您再用这种方式来关心我，您的关心就变成溺爱了。妈妈，您的女儿终究要长大的，您不可能保护我一辈子。人生的路还很长，需要我独立去闯。所以，妈妈，

请您放手吧！

小英

×年×月×日

　　看完女儿留给自己的这封信后，妈妈的心里真是五味杂陈，不知道该如何面对她才好！她意识到应该理性地把女儿当作一个可以承担责任、承受风雨的人来看待了，应该让她有自己的想法，有自主的行为。女孩跟男孩一样是一个独立的个体，她不属于任何人，她应有自主的行为和意识。

　　独立自主的女孩不会过分依赖他人，躲在他人的庇佑下生活。一个人过于依赖他人，将永远坚强不起来，想要肯定自己的价值必须要独立自主。女孩要像小英学习，虽然有父母的关心和爱护，也要学会锻炼自己独立生活的能力。

### 做到独立自主的小窍门

**情商训练营**

　　依靠别人的人，就像搭乘着别人的船在航行，你永远不知道自己会驶向什么方向。女孩要把握自己人生的方向，就要做一个有独立意识的人。女孩如何才能做到独立自主呢？

　　首先，要想独立，就要树立自信的观点，相信自己可以做好一些有挑战性的事情。

　　其次，要把选择权给自己，让自己成为自己的主人。确定你该怎么做，让自己决定。

　　再次，独立思考问题，有自己的想法。不人云亦云，不盲目随从他人。

最后，遇到问题和麻烦，自己尝试解决。面对问题不要逃避，要勇于尝试解决的办法。

# 自己的事情自己做主

✳ **情商培养点：拥有自己的主见，你将获得真正的快乐**

意大利作家但丁在他的代表作《神曲》里说道："走自己的路，让别人说去吧。"人生的可贵之处，就在于按照我们的自主意志生活。独立的女孩绝不会放弃任何一次为自己拿主意的机会，自己的人生要自己掌握，不做任人摆布的傀儡。

晓彤从小是个胆小沉默的女孩，妈妈什么事情都为晓彤计划好，大事小事都要为晓彤拿主意。每天的饮食，由妈妈"合理"安排，从不过问晓彤想吃什么。要买什么颜色的鞋子，什么图案的包装纸也大多由妈妈决定，晓彤几乎没有选择权。

在上小学二年级的时候，老师要求学生去图书馆阅读。清晨起床，晓彤决定和朋友晴晴一起去。妈妈赶忙过来阻拦，认为两个小孩出行危险，要亲自送行。但是由于公事缠身，妈妈忙到下午一点才腾出时间。此时，晴晴已经从图书馆回来了。晓彤很不高兴，但是妈妈却兴奋地将她送到图书馆。

在图书馆中，晓彤想看一些漫画、童话故事书，但是，妈妈硬要晓彤看知识辅导书，晓彤不去看，妈妈就大发雷霆。本来就胆小的晓彤，被妈妈吓得掉下了眼泪，只得乖乖地去看辅导书。从那以后，晓彤不敢自主决定，更不愿尝试自己做事情，总是依赖妈妈。一遇到什么事情，她总是先去询问妈妈。而妈妈对晓彤的依赖也是乐享其中。

有一天，晓彤和父母到餐厅用餐，服务生先问母亲要点什么。母亲点完菜后，轮到父亲点菜。之后，服务生问坐在一边的晓彤："亲爱的小朋友，你要点什么呢？"

晓彤不确定地看了看服务生，服务生微笑着看看她，仿佛在鼓励她说出自己的想法，于是，晓彤怯生生地说："我想要热狗。"

话音刚落，母亲就非常坚决地说："不可以，今天你要吃牛肉三明治，我已经为你点好了。"父亲在一旁补充道："再给她一点生菜。"

**知识加油站**

阿利盖利·但丁，意大利诗人，现代意大利语的奠基者，欧洲文艺复兴时代的开拓人物之一，以长诗《神曲》留名后世。

这位服务生并没有理会父母的提示，他目不转睛地注视着晓彤问："亲爱的小朋友，热狗上要放什么？"

"哦，一点儿番茄酱和黄酱，还要……"晓彤停下来怯怯地看了一眼父母，她可从来没有自己作过决定。然而，她看到了服务生信任的微笑，他在耐心地等着她的回答。晓彤最后坚定地说："还要一点儿炸土豆条。"

"好，谢谢。"服务生转身径直走进厨房，留下两位半张着口，吃惊不已的父母。要知道，他们从来没有听过女儿如此坚定的回答。

晓彤在服务生的鼓励下，树立了信心，也让父母听到了自己坚定的回答。

女孩要明白，父母只是领路人，而不是永远的靠山。遇到问题，不应该把问题留给父母，而应该依靠自己去解决。只有采用这样的方式，我们才能养成独立自主的好品质。遇事有自己的主见，不被他人的意愿牵着走，为自己的事情拿主意，做自己心灵的主人，才能成就辉煌的人生！

## 情商训练营　　三招教你做一个有主见的女孩

一位名人曾经说过："我们绝不可被盲目所左右，每个人都要有他自己的见地。"主见是一种相信自己能力和自己选择的心理。一个有主见的女孩要做到以下几点。

首先，有主见的人都是比较明确自己将要走什么路，做什么事，事情的发展会是怎样的，在没有做事之前，心中已经有了一幅蓝图。

其次，当认准了目标，并决心要实现这个目标时，就不能太在意旁人的说法和看法。

最后，坚持自己的想法不是自以为是、刚愎自用，面对他人善意的批评和建议，要虚心接受，但不丧失自己做事的原则。

# 靠自己的努力去奋斗

❋ **情商培养点：自己努力收获的果实更香甜**

我国当代著名文学家林语堂说："有勇气做真正的自己，单独屹立，不要想做别人。"不管是别人的赠予还是父母为我们创造的条件，这一切终归不是自己的，生活要靠自己的奋斗，想要的东西要靠自己去争取。流了自己的汗水，收获自己的努力所得，这样的人生才有价值和意义。

一个 14 岁的青海农家少女，因为一次电视活动的策划，和城市的一个富家少女互换了七天人生。节目打出的议题是："七天之后，她还愿意回到农村吗？"七成的观众都预测，她可能难以抵挡城市的诱惑，不会愿意回去。

她以前的生活是那么艰难，一年也吃不到几次好吃的，现在到了城里，她每天吃的都是大鱼大肉，并且还有保姆为她做饭，不需要她动手。她羞涩而好奇地享用着这一切，认为这是自己的梦一样的生活，终于变成了眼前的现实，这让她喜不自胜。观众也为她高兴，也越来越相信她会沉溺在这种生活中，不愿意再回到农村去。

谜底却提前揭晓了——七天还没结束，女孩的父亲不慎扭伤了脚，当她得知这个消息后，立刻要求赶回家乡。"为什么急着要走？

父亲的脚伤不是大事，难得来一次城里啊。"节目的编导极力挽留着她，希望她可以完成这期节目再回去，何况女孩自己也那么喜欢城里的生活。然而，出乎所有人的预料，女孩只说了一句："我的麦子熟了。"

回村之后，女孩仍然五点半去上学，啃小半个馍馍当午饭，学习之余割麦挑水；仍然是补丁长裤配布鞋，刻苦读书不改初衷。她说："只有不断学习，才能真正走出大山，改变命运。"

电视台的记者来到女孩的家里，专门对这个女孩做了采访。记者问她："你为什么不待在城里呢？那里的条件那么好，要什么有什么，有漂亮的衣服，有好玩的玩具，还有很多好吃的，都是这里没有的。"

女孩笑了笑，说："那都是别人的呀！"

记者说："可是别人会给

**知识加油站**

林语堂，我国现代著名学者、文学家、语言学家，是第一位以英文书写扬名海外的中国作家。

你啊，你看我们节目为你提供这些都是无偿的，你不需要付出任何的东西，只需要吃喝玩乐就可以了。这是多么轻松的一件事，你难道还不愿意吗？"

女孩看了记者一眼，不笑了，她似乎经过了一番思索，说："就算是你们给我，那也不能算是我的。我是舍不得城里那些玩具和好吃的，可是我也知道，我要得到它，只有通过自己的努力，否则，就算别人给我，我也不会觉得好吃或者好玩。因为我知道终究有一天，你们会收走那些东西的，不是吗？"女孩的话，让记者无言以对。

在采访结束的时候，女孩对着镜头开心地笑了，她朝观众们挥动着手臂，说："我要靠自己！"然后义无反顾地走向了自己家的草房。

这是一个无比坚强的女孩，虽然她喜欢那个花花世界，但还是勇敢地回到了自己的起点，因为她知道那些别人的赠予并不属于自己，要想获得这些东西，只有靠自己的努力。我们有理由相信，这个女孩一定会获得所有她想要的东西的。

成功之果就像是悬崖峭壁上的灵芝，只有不畏艰辛、努力攀登的人才能采撷到。成功是要靠自己去争取的，比别人多想一点，多做一点，多坚持一阵，流更多的汗，吃更多的苦，最终才会走上成功的大道。

**情商训练营**

## 培养自立自强精神的4个途径

《周易》中有这样一句话："天行健，君子以自强不息；地势坤，君子以厚德载物。"自立自强是一种良好的品质，是一种可贵的精神。女孩必须要自立自强，才能在社会上更好地立足。培养自立自强的精神要做到以下四点。

第一，要克服依赖心理。充分认识到依赖心理的危害，不要什么事情都指望别人。

第二，懂得管理和安排自己的生活。提高自己的思考和动手能力，加强自主性和创造性。

第三，志存高远。确立自己前进的目标和方向，通过自己的努力追求远大的理想。

第四，在磨砺意志中自强进取。勇于面对困难，做生活的强者。

# 坚持自己的选择

❋ **情商培养点：选择是女孩必须学会的一项本领**

德国哲学家康德曾经说过："既然我已经踏上这条道路，那么任何东西都不应妨碍我沿着这条路走下去。"女孩要明白，自己是人生方向的主宰者，只有靠自己的选择才能决定和说明自己的人生。当你认为自己的思想、观点和方法是正确的，就应该保持自己的想法，不要在意别人这样或那样的评说。只有这样，你才可能坚定自己的信念，最终实现自己的理想。

女孩琼斯在 12 岁的时候，在她妈妈的影响下，选修了摄影课。不久，她就知道许多摄影家用的都是黑白胶片。有一天，爱好摄影的妈妈提议，她们一起去拍摄著名的圣路易斯拱门。

那一天，天阴沉沉的，琼斯的妈妈建议等太阳出来再去拍摄，但琼斯说这样的光线正适合她构想的照片。母女俩刚来到圣路易斯拱门，琼斯便走到近前，背靠在拱门的三角形支柱上，向后弯着身，将相机举过头顶"咔嚓咔嚓"地拍摄了起来。

这时，妈妈说："琼斯，你应该退后一些，把整个拱门照下来。"任何人只要见过拱门的照片，就知道琼斯的妈妈为什么这样讲。但琼斯没有理会妈妈的话，又走向另一根支柱，重复了前面的动作。琼斯的妈妈希望女儿能够拍出一张漂亮的照片，所以再次试图告诉女儿该怎样拍这张照片。可是，琼斯对于妈妈的忠告依旧不理会，她似乎完全没有把妈妈多年来在生日晚会和度假时的摄影经验放在眼里。"不，我就要这样拍。"琼斯说。

妈妈有些生气，自言自语地说："好吧，无非是浪费一些胶卷和冲洗的费用，但是她会得到教训的，就算是付点学费吧！"

然而，事情的结果却是琼斯给她的妈妈上了一课。几年过后，琼斯获得了旧金山艺术学院的奖学金，在安塞尔·亚当斯摄影中心实习，并在旧金

山现代艺术博物馆举办了摄影展。琼斯拍摄的那张拱门照片已经被多家美术馆收藏。她的作品以独特的洞察力见长，正是这种特别的洞察力使琼斯在 12 岁时以妈妈意想不到的角度拍下了那张拱门的照片。

看到女儿取得的成就，琼斯的妈妈感慨地说："感谢上帝，幸亏女儿当时没有听从我的劝告。"琼斯拍摄那张照片的方法使她的妈妈明白，孩子也有自己独特的视角，要尊重孩子的想法。

在成长的过程中，我们肯定会遇到很多的抉择，而这个时候，人很容易受到外界的影响，比如父母、朋友的意见等。那么怎样才能很好地抉择呢？一个人的成功与否往往取决于是不是坚持自己，别人的意见可以认真听取，但最后自己要掌握决定权。要记住：坚持自我，自己选择，才能使自己的视角与众不同。

情商训练营

## 学会选择

琼斯坚持自己的选择，用自己独特的洞察力在摄影方面取得了成就。然而不是每个女孩都能像琼斯这样执着地坚持自己的想法，她们中许多人没有自己的主见，过分依赖他人的建议，害怕选择的结果是失败，在选择面前总是表现得不知所措。在这种时候，学会选择，对女孩来说至关重要。面对需要选择的时候，女孩该怎样做呢？

女孩在做选择之前，需要想清楚：你需要的是什么？你想要得到的是什么？这样的选择你能不能做得到……无论你选择的是什么，你都要记住一点，什么样的选择决定什么样的生活，要为自己的选择负责。女孩一旦发现自己的选择并不是自己想要的，及时调整也是必需的，应反思做出错误决定的原因，不怕失败再次做出新的选择。

# 正确认识自己，不被他人所影响

❋ **情商培养点：自我认识是培养独立性的有效途径**

在古希腊的阿波罗神殿大门上，写着一句闻名遐迩的箴言："认识你自己。"可见，认识自己是何等的重要。自我认识是自励、自立

的前提。一个人只有对自己有一个透彻的了解，才能知道自己的兴趣爱好，找到前进的方向，向着明确的目标前行。

新西兰女作家简奈特·弗兰在一个注重道德的村落里长大。她从小就胆小怯懦，当听到父亲的脚踏车声时，她的兄弟姐妹们会兴高采烈地迎上去要糖果，只有她站在远处。如果糖果不够分，她肯定两手空空。父母对此经常唉声叹气，说她不正常。

上学时，她无法像其他孩子一样很快地融入新环境中，她总是交不到新朋友。为了帮她调整心态，父母不得不一次又一次地给她转换学校，但情况始终没有太大改观。不仅如此，她还总是用一些奇怪的字眼来描述自己的情绪，家人听不懂她的想法，同学也搞不清楚，即使是她最崇拜的老师也认为那只是她的呓语与妄想。时间久了，她也渐渐相信自己不正常了。

为此，父母没少带她去看医生，最开始的时候，医生给她的诊断是自闭症。后来，她脆弱的神经终于崩溃了，又多了一个精神分裂症的诊断，为此她住进了长期疗养院。她的状况没有好转，反而越来越感到惶恐，只能默默地接受各种奇怪的治疗。

在医院的日子是落寞而空虚的，好在医院里摆设着一些过期的杂志，是社会上善心人士捐赠的。这些杂志有的是教人如何烹饪裁缝，如何成为淑女的；有的谈一些好莱坞影歌星的幸福生活；有的则是写一些深奥的诗词或小说。她自己在医院里茫然而无聊，没事的时候就看这些杂志，后来索性就提笔投稿了。

让人意想不到的是，她那些在家里、学校或医院里被视为不知所云的文字，竟然在一流的文学杂志刊出了。这让医生有些尴尬，赶快取消了一些较有侵犯性的治疗方法，开始竖起耳朵听她的谈话，仔细分辨是否错过了任何的暗喻或象征；她的父母觉得有些得意，忽然才

发现家里原来还有这样一位女儿；甚至旧日小镇的邻居都不可置信地问：难道那个写出优秀文学作品的作家，就是当年那个古怪的小女孩？

后来，她出院了，并且依凭着奖学金出国了。后来，在最著名的医院，英国精神科医师经过对她两年的观察，才慎重地开了一张证明她没病的诊断书。而那一年，她已经34岁了。

我们每个人都不可能孤立地生活在这个世

**知识加油站**

阿波罗，古希腊神话中著名的神祇之一，希腊神话中十二主神之一，全名为福玻斯·阿波罗，意思是"光明""光辉灿烂"。

界上，有些知识和信息可能来自别人的教育和影响，在这个时候，感性的女孩必须努力看清自己，避免被外界纷繁的信息干扰。女孩要清楚，在人生的旅途中，没有人可以决定你前进的方向，你才是自己的司机，只有你才能带领自己到达想要去的地方，去欣赏自己想要看的风景。

**情商训练营**

## 如何做到正确认识自己

俗话说："人贵有自知之明。"正确地认识自己，客观地评价自己，对待人接物和处理问题，会有极大的好处。一个人不能正确评价自己，就会产生心理障碍，表现出对自我的不满和排斥，或者盲目自大，成为自大狂。因此，我们应学会了解自我、认识自我，这样才能更好地把握自我，发展自我。女孩要如何做到正确认识自己呢？

首先，要自己给自己一个正确的客观评价。可以用纸，列出自己的优缺点，进行对比，然后从性格、兴趣爱好、能力等方面，对自己进行一个客观总结，掌握自己的优劣势，好的方面可以继续培养，不好的方面及时改正。

其次，通过他人对自己的评价和态度来认识自己。在与朋友或同学、亲戚相处时，可以多听听他们的评价和建议，从而更好地认识自己。

再次，通过事后反省认识自己。对自己处理事情的各个方面进行反省、总结，这样可以清楚自己在各方面表现如何，从而更好地了解自己。

最后，通过与他人的比较来认识自己。与别人对比，很多明显的问题就会显露出来，这样能更鲜明地了解自己。

## 做到自立自强的 5 个步骤

**1. 告别依赖**

俗话说，家庭是我们成长的温室，学校是我们成长的摇篮。但是，我们不能永远生活在摇篮和温室中，终究要走进社会，经风雨、见世面。女孩要摆脱对父母、老师的依赖，首先要树立自立的意识，并在日常生活中做自己力所能及的事情，如自己做一次早餐、自己解答难题、自己复习功课……

**2. 锻炼自立能力**

女孩要积极投身实践，从小事做起，做自己力所能及的事，在小事中锻炼自己的自立能力。例如：自己打扫房间，吃饭后清洗餐具，自己洗衣服，自己选购需要的东西等。

**3. 树立坚定的理想**

自强的女孩要树立明确的奋斗目标。对于目标的确立要切合实际，不能好高骛远。如果定得太高，根本达不到，自信心就会受挫。另外目标要具体，内容要少一点，不能一下子贪多，多了达不到，心里就会感到没有奔头。当我们不断达到一个个小的目标时，就会自然地增强自信与自强的精神。

**4. 学会战胜自我**

每个人都有缺点和弱点，女孩要学会战胜自我，不放任自己，克服自身的缺点和弱点。战胜自我可以从小事做起，如改掉睡懒觉的习惯，改正做作业拖拉的不良习惯，改掉粗心的毛病，拒绝不良的诱惑。

**5. 坚持自己的主见**

独立的女孩，有自己的主见，不被他人的评价所左右，不因他人的言行而盲目跟从，不会在面临选择的时候迷失方向。有主见的女孩，不随意附和别人，懂得别人的意见只是参考，决定权还是在自己手里。

# 第五章

# 涵养比能力更重要

## ——气质涵养大修炼

　　涵养是指人的身心方面的修养。涵养让女孩如空谷幽兰，气质不凡；涵养让女孩如傲雪寒梅，铁骨冰心；涵养让女孩如林中修竹，不骄不躁；涵养让女孩在一颦一笑、一言一行之间就显露出其情商之高，魅力之大。涵养比能力更重要，也更能折射出女孩的内在美。

# 迷人的魅力源于内在的修养

## ❋ 情商培养点：内在的美才是真正的美

著名雕塑家奥古斯特·罗丹曾经说过："我们在人体中崇拜的不是任何美丽的外表和形态，而是那些好像使人透明发亮的内在光芒。"内在光芒即我们内在的涵养。有涵养的人散发着迷人的魅力，处处表现出来一种内在的美。内在的美是一种长久的美，值得我们追求和尊崇。

13岁的伊莲是一个漂亮的小女孩，出生在巴黎的一户富豪家庭，她的母亲是一位基督教信徒。

伊莲天生丽质，外表迷人。可是，她清高自傲，孤芳自赏，因此没有什么朋友，连一个可以谈心的女伴也没有。于是，她问母亲，如何才能有魅力，并赢得其他小伙伴的喜欢。母亲告诉她，心怀慈悲，多说善话，多听善音，多做善事，多用善心，自然就会成为有魅力的女孩。

**知识加油站**

奥古斯特·罗丹，法国雕塑艺术家，被认为是19世纪和20世纪初最伟大的现实主义雕塑艺术家。

伊莲问："善话怎么说呢？"

母亲答："就是说欢喜的话，说真实的话，说谦虚的话，说利人的话。"

"善音怎么听呢？"

"就是转化一切声音，把辱骂的声音转为同情的声音，把诽谤的声音转为帮助的声音；哭声闹声、粗声丑声，你都不要介意。"

"善事怎么做呢？"

"就是做帮助他人的事、慈善的事、服务的事。"

"善心又是什么心呢？"

"就是一颗平常心、包容心和责任心。"

伊莲听了之后，觉得母亲说得很有道理，便决定改掉从前的骄矜，不再自恃相貌美丽而轻视别人，也不再在人前炫耀自己家庭的富有。后来，伊莲对人总是谦让有礼，对周围的同学关怀有加，小伙伴都开始喜欢她，并成为她的好朋友。

　　女孩的美丽不仅仅体现在拥有漂亮的外表和华美的服饰上，内在的气质涵养才更能体现女孩的魅力。女孩伊莲，虽然出生在富有之家，拥有漂亮的外表，但她清高自傲、缺乏内涵，结果一个朋友都没有。一个女孩要想让自己优秀起来，处处受到欢迎，就一定要培养自己的内在修养，因为内在的美才是真正的美。

情商训练营

## 修炼涵养的六字箴言

　　涵养，使人严肃而不孤僻，使人活泼而不放浪，使人稳重而不呆板，使人热情而不轻狂。做一个有涵养的女孩，铭记这六字箴言吧。

　　第一，静。少说话，多倾听，培养自己的宁静之美。

第二，缓。三思而后行，三思而后言。

第三，忍。宽容大度的大气之美。

第四，让。退一步，你看到的风景也许更美。

第五，淡。淡泊明志，宁静致远。

第六，爱。心中有爱的人，她的世界也充满爱。

# 渊博的知识散发着智慧的光芒

## ※ 情商培养点：知识是武装头脑最好的武器

美貌就像一朵鲜花，会随着时间的流逝而凋谢，只有美德和智慧才会经久不衰地绽放。女孩立足于社会所依靠的是知识和智慧，而不是漂亮的外表。知识能塑造一个人的文化底蕴，陶冶情操，掌握知识可以使女孩善解人意，蕙质兰心。

中国著名作家冰心从小天资聪颖，舅舅是她走向写作之路的启蒙老师。每天晚饭后，他都要给小冰心讲一段《三国演义》中的故事，小冰心总是听得很入神。不久，她兴致勃勃地拿起一本《三国演义》，自己囫囵吞枣地读了起来。

小冰心开始读的时候，由于识字不多，只能挑选认字较多的段落看，看着看着，光看一些片段已经不能满足她的阅读需要了。于是，小冰心从头开始阅读，虽然有的字音读得不对，比如把"诸"念成"者"，但是她仍然没有放弃。

后来，小冰心见到什么书都要翻开来看看，即便不是一本书，哪怕是几页纸，只要上面有字，她都要看。由于经常看书入了迷，小冰心头也顾不得梳，脸也顾不得洗了，自己沉浸在书本里，随着主人公的命运跌宕起伏，一会儿开心地笑出声来，一会儿又默默落泪。

有一次，妈妈让女儿洗澡，而小冰心在房间里看《聊斋志异》入了迷，直到洗澡水都凉了。妈妈看到这种情景，生气地从女儿手中夺走了书，随手撕成了两半，一半握在手中，把另一半摔在地上。小冰心急忙跑了过去，拾起地上的那一半却又接着看了起来，惹得妈妈哭笑不得。

小冰心8岁的时候，就读完了《水浒传》《聊斋志异》《东周列国志》《西游记》《儿女英雄传》《镜花缘》《再生缘》等作品。10岁的时候，她的舅舅指导她读书要有所选择，并为她列出了一些书目，除了《国文教科书》，还增添了《论语》《左传》《唐诗》《班昭女诫》《饮冰室自由书》等，并让小冰心开始阅读《诗经》。在舅舅的引导之下，小冰心开始对中国古典诗词产生了浓厚的兴趣。

冰心11岁的时候，她回到了故乡福州。祖父的书房里摆满了书，很快那里就成了她的乐园。她只要一有空，就钻进祖父的书房里看书，看完后又放回原处，从不乱动祖父的书桌，因此深得祖父的宠爱。在她祖父的书桌上，小冰心读到了法国名著《茶花女遗事》，并慢慢喜欢上了看翻译过来的小说，从书中她明白了许多外国的人情世故。

**知识加油站**

冰心，原名谢婉莹，笔名冰心，取"一片冰心在玉壶"之意。我国著名诗人、作家、翻译家、儿童文学家。

冰心涉猎广泛，在大量的阅读中，她吸收了丰富的文学知识，这为她日后成为著名作家打下了坚实的基础，也使她成为令人尊重的知识女性。

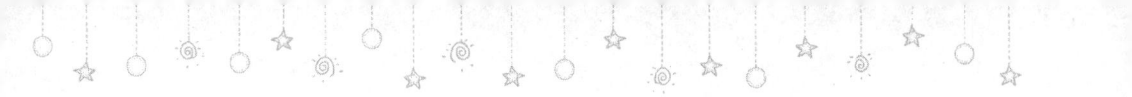

著名作家高尔基说："青春是有限的，但智慧是无穷的。"知识女性，有着丰富的内涵，散发着智慧的光芒，即使素面朝天，依然会显得高雅雍容，由内而外散发出一种淡淡的芬芳。我们要趁着美好的青春去学习无穷的智慧，充实我们的头脑，修炼我们的内涵和气质，不做浅薄的花瓶。

**情商训练营**

## 提高自身修养的 4 个途径

古诗云："胸存江海容乃大，腹有诗书气自华。"女孩要学习渊博的知识就要博览群书。阅读什么样的书籍有助于提高自身的修养呢？

第一，读些文学名著。先从中国四大名著入手再到世界名著，细细地读。多读名著，既能开阔视野，又能升华人生境界。

第二，诵读唐诗宋词元曲。体会语言的巧用、妙用，在领略词语的丰富用途之余，提升个人在表达、书写时的水平。

第三，学习励志类书籍。学习成功、豁达人士的处事态度，培养自己积极进取、崇尚科学、尊重规律的处事方式，就会渐渐拥有宽阔的心胸、远大的志向。

第四，看些科幻、科普、常识等书籍。科幻书籍能打开你丰富想象力的大门，使你思维活跃，触类旁通。看待事物就能比寡学的人更为科学、全面、客观。

# 言谈举止要优雅

## ❋ 情商培养点：优雅是女孩最与众不同的特质

俗话说："言为心声，行为心表。"美好的行为是美丽心灵的表现。我们追求真、善、美，希望做一个成功者，就应当注意自己的音容笑貌、言谈举止。在所有女孩之中，那些行为举止落落大方，显得很有修养的女孩，一定是最受欢迎的，也一定是有较好的发展机会与人际关系的。

一个6岁的小女孩问妈妈："花儿会说话吗？"

"噢，孩子，花儿如果不会说话，春天该多么寂寞啊，谁还对春天那么喜欢呢？"

小女孩满意地笑了。

小女孩长到10岁，问爸爸："天上的星星会说话吗？"

"噢，女儿，星星若能说话，天上就会一片嘈杂，谁还会向往静

名人心语

气质之美与其说是来自内心的修养，不如说它是来自一种对美好事物的欣赏能力。这份欣赏力就使一个人的言谈举止不同流俗。

——法国思想家、文学家 罗曼·罗兰

谧的天堂呢？"

小女孩又满意地笑了。

小女孩长到 16 岁，已是一个美丽的少女了。一天，她问做外交官的外公："昨晚的宴会，我的言谈举止得体吗？"

"很好啊！"外公自豪地说，"你说话得体，举止优雅，你是怎样修炼的呢？"

外孙女笑了："6 岁的时候，我从当教师的妈妈那儿，学会了与自然界的对话；10 岁的时候，我从当作家的爸爸那儿，学会了什么时候该说话、什么时候不该说话；16 岁的时候，我从书本里学会了与什么样的人分别怎样谈话；我还从您那里学到了思想、智慧、胆识和爱！"

听完女孩的话，外公也满意地笑了。

内在修养与言谈举止、形象风度等外在魅力的完美融合，是女性魅力的至高境界。恰当的言谈举止会赋予女孩无限的淑女风姿，自身散发柔性、大气、得体之美，让女孩在成长的过程中充满着无穷的人格魅力。

情商训练营

## 优雅举止在日常生活中的培养

女孩从小应该进行锻炼，在言谈举止中注意塑造高雅的气质形象。做到优雅并不难，我们可以从身边的小事做起。

第一，待人接物要彬彬有礼、不卑不亢。

第二，不和父母顶嘴，不轻易打断别人的话。

第三，善解人意，体贴照顾他人，尊敬和关心他人。

第四，餐桌上的行为要得体。

第五，把"请"和"谢谢"挂在嘴边。

第六，要注意分寸，懂得在什么地方注意什么礼仪。

# ❋ 别让诱惑毁了你的修养

❋ **情商培养点：高尚的情操是一个人的精神食粮**

法国作家都德说："善良的情操和平衡的智力，是形成良好品性的基础。其他的事物都可能偶然间瞬息逝去，唯有人高尚的情操是长存的东西；它往往在主人离开人世之后，仍受人敬仰。"在当今的社会环境中，有些人抵御不住物欲的诱惑而失去了高尚的情操。优秀的女孩要时刻提醒自己不要堕落，要防微杜渐，这样一来，不管在哪儿，都能使自己卓尔不群。

威廉先生是一位富有的商人，他在纽约近郊有一座别墅。这座别墅坐落在一个树木环绕的小山冈上。山冈的四周郁郁葱葱，到处都长满了果树。

威廉先生的别墅不远处有一所女子寄宿学校，这是威廉先生资助建立的，在那里上学的都是一些十来岁的女孩。

威廉先生坐在他的客厅里，就可以俯视整个山冈，他时常欣赏着大自然的美景，悠然自得地看着一群少女在树下追逐嬉戏，她们却不会发现他。

有一天，威廉先生对女孩子们说："如果你们没有偷吃果子，那么在果子成熟的时候，我会邀请你们来我的别墅做客，品尝最大的桃子。"对这个提议，每一个女孩都完全赞同。

果园里的果实渐渐成熟，一个个变得诱人起来，好像是特意为这群快乐的女孩子们准备的美味盛宴。女孩们天天期盼着果子成熟，有时会显得有些迫不及待。

当桃子进入最后成熟阶段时，威廉先生常坐在他的客厅里，看着一些女孩子忍不住去偷摘桃子，但他并没有制止，只是静静地看着。等到桃子完全熟透的时候，他将桃子小心地采摘下来，挑出最大最好的装满了一大篮子。他把这一大篮鲜桃放在客厅里，然后再次邀请所有的女孩子到他家来做客。

女孩们高兴地来到了他家，威廉先生向她们提起了他们之间的约

定，他说："今天我请大家来不仅仅是为了做客，我还想请那些遵守诺言的孩子们吃桃子，从没偷摘过青桃的女孩子请上前一步，你们可以挑最大最好的吃，想吃多少就吃多少。"这时，只有一个小女孩向前迈了一小步，而其他人都原地不动。这出乎威廉先生的意料，他没想到女孩子们如此诚实，这令他很吃惊，同时又很高兴。

威廉先生满意地问向前走了一步的女孩子："亲爱的，你一个桃子都没有摘过吗？"小女孩认真地说："没有！先生。我一个桃子都没有摘过。"威廉先生又以商量的口气问这个小女孩："你愿意和其他同学一起分享你的桃子吗？"

**知识加油站**

都德，法国19世纪著名的现实主义小说家，代表作有《柏林之围》《最后一课》等。

"我愿意！"小女孩面带笑容地回答道。

威廉先生抬起头对那些站在原地未动的女孩子们说："你们没有遵守我们的约定，本不应该让你们吃桃子，以作为惩罚。但你们的诚实和这位同学的真诚让我改变了主意。"

古希腊哲学家柏拉图说："一个有道德的人是一个心里受到诱惑就对诱惑进行反抗，而绝不屈从它的人。"人的修养，往往在遭遇诱惑的一瞬间表露出来。面对生活中无数的诱惑，我们要学会克制自己，抵制诱惑。

## 抵制诱惑的 3 个方法

哲人车尔尼雪夫斯基说："抗拒住诱惑，你才有更多的机会达到一个更高的目标。"那么我们要如何抵制诱惑呢？

首先，加强道德修养。提高自己的道德情操，净化心灵，淡泊明志，宁静致远。

其次，学会克制自己。控制自己的欲望，用理智战胜欲望。

最后，激发学习的兴趣，把注意力转移到学习上来，享受读书的乐趣，用我们的理智建立起坚固的抵制诱惑的防线。

# ❋ 宽容是一种美德

## ❋ 情商培养点：宽容精神最伟大

宽容像一朵鲜花，散发着清香，即使有人踩一脚，也依然会把香味留在人的鞋底；宽容如一场小雨，给人以清爽，焕发激情，即使大地很污秽，也依然会覆盖它的周身；宽容似一把花伞，给人以舒适，倾盆大雨将至，即使自己淋雨，也会永远当人头顶的"天空"。

林琳的班上有一个经常欺负女生的男生，他总是和女生发生冲突，欺负弱小的女生，大家都叫他"调皮大王"。很多同学都不喜欢他，对他敬而远之，林琳却没有因此瞧不起这个"调皮大王"。

一次课间，"调皮大王"经过林琳的课桌时不小心碰到了她，林琳好心提醒他走路要小心一点。"调皮大王"却理解错了她的意思，以为林琳在批评自己，他一生气就把林琳的课桌一掀，撞到了她的胸口，疼得她直流眼泪。

放学后，班主任留住了他们。班主任已经了解了事情的经过，刚想叫这个调皮的男生向林琳道歉，林琳却主动向这个男生认错："其实是我不对，不应该那样说话，让你误会了我的意思。你以后也不要再欺负其他女生了，其实大家都很想和你做朋友。如果你在学习、生活上有什么困难，我可以帮助你。"

**名人心语**

生活中，不会宽容别人的人，是不配受到别人的宽容的。但是谁能说是不需要宽容的呢？

——俄国作家　屠格涅夫

"调皮大王"没想到，林琳不但没有在老师面前告他的状，反而还主动向他认错，这让他很感动。之前和女生发生冲突后，同学们都孤立他，这次，林琳不但不怪他，还宽容了他，主动与他和好，他感到很是愧疚，也认识到了自己的错误。

于是，"调皮大王"决定再也不调皮，不欺负其他同学了。后来，这个男生再也没有和其他女生发生过冲突，大家也都慢慢接受了他。

不因他人的过错而耿耿于怀，用自己宽容的心忘掉不开心的过

去，这样的人心胸像天空一样宽阔、透明，像大海一样浩瀚、深沉。人生最大的痛苦，莫过于心胸狭隘；人生最大的烦恼，莫过于庸人自扰。只有宽容，让自己的心灵自由，让所有的不快化解。

情商训练营

## 宽容的含义

宽容是最美丽的一种情感，宽容是一种良好的心态，宽容也是一种崇高的境界。那到底宽容是什么呢？

第一，宽容就是不计较，事情过了就算了，不要斤斤计较。

第二，宽容就是忘却。忘记昨日的是非，忘记别人先前对自己的指责和谩骂，因为时间是良好的止痛剂。学会忘却，生活才有阳光，才有欢乐。

第三，宽容就是潇洒。宽厚待人，冷静对待非议。

第四，宽容是原谅别人的过错，但不失去原则。

第五，宽容就是在别人和自己意见不一致时也不要勉强。

# 有涵养的人内心不狭隘

## ❋ 情商培养点：自视清高可能会丢了涵养

女孩在修炼自身涵养过程中不能孤芳自赏，像一只高傲的天鹅，高估自己而低估了他人。真正有涵养的人，她的心胸不狭隘，既能看到自己，也能欣赏他人。

这一天，一个14岁的女孩正在候车室等车。车还要很久才来，为了打发时间，女孩买了一本书和一包饼干，准备一边看着书一边吃饼干。她找了一个空位置坐下来，然后从包里拿出刚买的《浮士德》看了起来。

就在她看得入神的时候，她发现，不知什么时候，一个男孩坐到了她的旁边，而且不断地从他们座位之间的饼干盒子里拿饼干，然后毫无顾忌地吃起来。

女孩心里一下就生气了，但她碍于面子，不好意思说男孩什么，她怕男孩难堪。尽管心里很不舒服，她还是默不作声，假装没看见似的也伸手从盒子里拿饼干吃。这个时候，她看了看表，同时趁机用眼角的余光看了看那个男孩，却发现那个男孩也在看自己。女孩子觉得更生气了，心想："真是没有教养，要不是我好心，这么有教养的话，早就大骂你一顿，让你无地自容了。"但她毕竟还是个有教养的少女，她可不愿意在大庭广众之下跟人争吵，也不打算态度激烈惹怒对方，免得出什么乱子影响自己搭车。

这样想后，女孩就不断地从盒子里拿饼干吃，她每拿一块，那个男孩也跟着拿一块。很快，只剩最后一块了，这时刚好那个男孩拿了。他看了看最后的饼干，不自然地笑了笑，伸手拿起来一下掰成了两半，一半自己拿着，另一半递给了女孩。女孩接过那半块饼干的时候，心里想："这个人真是太没有教养了，吃了半天我的饼干竟然连句谢谢都不说，我真是从来没有见过这么没有教养的男孩。"

这时候，上车的广播响起来了，女孩长长地吐了一口气，然后慌忙把书塞进旅行包里，拿着行李就奔向站口。她上车找到自己的座位，安然地坐下来，又从旅行包里找刚才没看完的书。突然，她一下子愣在了那里——她刚才买的那盒饼干，正原封不动地放在她的包里呢！原来，不是那个男孩偷吃了她的饼干，而是她一直在拿男孩的饼干吃，而且自始至终都没有说一句"谢谢"。

想到这里，女孩觉得羞愧极了，原来，她还一直认为是别人没有教养，却是自己误会了对方，小看了人家。可此时，车已经离站了，想要再去向男孩道谢，请求男孩的原谅已经晚了，女孩心里很是内疚。不久以后，女孩就变了，她不再是原来那

**知识加油站**

《浮士德》，作者歌德，是一部以德国民间传说为题材，将现实主义和浪漫主义结合得十分完好的诗剧。

个心胸狭隘，缺乏教养的女孩了，而变成了一个举止优雅、很有教养的美丽女孩。

每个人都有两只发现美的眼睛，一只看自己，一只看他人。心胸狭隘的人总是用负面的眼光去看他人，往往也就会得到错误的判断。我们在生活中一定要大度，不能过于狭隘，不然，就有可能成为别人眼中没有教养的人。

## 对待他人要注意的 4 个方面

涵养是一种胸怀，一种智慧。有涵养的人不会自视清高而看低他人，而是懂得如何正确地对待他人。

首先，有涵养的人不以自我为中心，看不起他人。

其次，有涵养的人用正面的眼光看他人，看他人的正面言行。

再次，有涵养的人善于发现他人的优点与长处。

最后，有涵养的人遇事往好处想，不因表象下定论。

# 保持淡然，抛弃扭曲的虚荣心

※ **情商培养点：追逐虚假的虚荣心，等于追逐不切实际的泡沫**

印度思想大师奥修说："玫瑰就是玫瑰，莲花就是莲花，只要去看，不要比较。"过分地追求表面的荣誉是虚荣的表现。虚假的荣誉是一个转瞬即破的肥皂泡，会转移努力的方向，阻碍你前进的步伐，导致你走向失败。

几个女生一起去看望老师，起初大家相谈甚欢。一会儿，女生们的话题就转移到一次杂文大赛上，她们都认为自己写得好却没有被评上奖。

说到这里，老师起身走进厨房，拿出了一些杯子。其中，有陶质的、瓷质的、金属的、玻璃的、塑料的。老师让学生们自己取杯子倒水喝，女生们取走杯子后，托盘上还剩下一些粗陋的塑料杯子。

知识加油站

亨利·柏格森，法国哲学家，他文笔优美，思想富于吸引力，曾获诺贝尔文学奖。

看到这样的情景，老师别有深意地微笑着说："你们看，所有精致、古朴、玲珑、美丽的杯子都被拿走了，剩下的全是让人看不上眼的塑料杯子。我想问的是，你们选杯子的目的是什么？"

女生们异口同声地说："喝水呀！"

老师又问："既然是喝水，那为什么你们那么在意盛水的器皿呢？随手拿一个不就可以了吗？为什么还要刻意选好的、美的、精致的呢？"

女生们被问得哑口无言。

接着，老师说道："你们喝的是水，却执意要选一个好看的杯子，甚至在选到不好的杯子时，心里还可能不乐意。这就和学习一样，学习就是水，而浮华的名次仅仅只是盛水的杯子而已。如果我们把所有的注意力都放在杯子上，那么我们便没有心思和心情去品尝和享受茶水的味道了。同样，如果我们过于看重虚名，沉浸在获过什么奖的赞誉中，我们就不会再那么用功了。"

听了老师的一席话，女生们都默默地低下了头。

法国哲学家柏格森说过："虚荣心很难说是一种恶行，然而一切恶行都围绕虚荣心而生，都不过是满足虚荣心的手段。"虚荣心不算是恶行，但却会抹杀一个女孩的修养。亲爱的女孩，必须学会以平常心对待学习和生活，保持一份淡然的心态。

## 克服虚荣心的小方法

**情商训练营**

淡然是一种高雅的气质。女孩要保持淡然，就要抛弃虚荣的包袱，克服自己的虚荣心理，就要做到以下五点。

第一，以平常心态对待学习、生活和工作。

第二，以谦虚和真诚的心对待朋友和他人。

第三，客观地认识自己。既不要过高地估计自己，也不要无视自己的短处。

第四，有正确的人生目标，不去追求表面的、虚假的名利。

第五，不要过分计较他人的评论。"良药苦口利于病，忠言逆耳利于行"，要学会正确对待别人的批评和建议。

# 修炼气质涵养的 5 个诀窍

### 1. 整洁大方的打扮

不论女孩的长相漂亮不漂亮，你的穿着和打扮一定要干净、整洁、大方，才能给他人留下良好的第一印象。你的外表就是你的外在形象，它就像一张隐形的名片，对于开启你的成功之路起着重要作用。

### 2. 端庄优雅的举止

女孩要拥有一个好的形象，除了穿着得体，还离不开优雅的举止。优雅的举止是优秀女孩内涵的外在表现，它直接体现在你的举手投足之间。女孩要站有站相、坐有坐相，待人接物落落大方，行为得体、举止优雅，这样的女孩往往最使人难忘。

### 3. 加强自身修养

优雅不仅仅来自得体的外表，还来自女孩的内在修养。优秀的女性都非常注重知识的积累，她们知道知识决定一个人自身的修养。女孩在平时多加强阅读、提高自己的欣赏水平，丰富自己的内涵，就会在潜移默化中形成一种优雅的气质。

### 4. 怀有善良之心

善良是一切涵养之首。善良的女孩对世界和他人充满爱心和热心，懂得关心、体贴他人，对需要帮助的人给予帮助，对帮助过自己的人懂得感恩。

### 5. 做一个淡泊的人

淡泊是一种崇高的境界。对人对事，要不浮躁，不争不抢，不随波逐流、追逐名利，不过分地贪慕虚荣，也不与他人盲目攀比。

# 第六章
# 成就卓越人生的坚实根基
## ——合作与分享

　　美国教育家韦伯斯特说："人们在一起可以做出单独一个人所不能做出的事业：智慧、双手、力量结合在一起，几乎是万能的。"这是合作的奇迹。爱尔兰剧作家萧伯纳说："你有一个苹果，我有一个苹果，彼此交换，每个人只有一个苹果。你有一种思想，我有一种思想，彼此交换，每个人就有了两种思想。"这就是分享的力量。女孩要获得成功的人生，必须要懂得合作与分享。

# 分享，让快乐加倍

## ❋ 情商培养点：分享是快乐的前提

著名作家古龙说过："快乐不是件奇怪的东西，绝不因为你分给了别人而减少。有时你分给别人的越多，自己得到的也越多。"希望自己的快乐越来越多，女孩就要学会分享。分享是一种神奇的魔法，它使快乐增大、悲伤减小；分享是一座天平，你给予他人多少，他人便回报你多少。学会分享，就学会了生活，就明白了存在的意义。

张红是个习惯抬头走路的女生，因为她是以全校第一名的成绩考进这所重点中学的。

然而张红没有想到，在第一次月考的时候，就碰到了对手。那是班上一个叫陆然的女生，她的性格活泼开朗，很受同学们的喜爱，下课时常常可以听到她夸张的笑声，这次考试，张红总分只比她高了3分。

张红和陆然成为班上的两个极端：陆然爱玩爱笑，与男生女生都能打成一片；而张红"闭门独处"，总是一个人默默地做着各种练习。

因为一个人安静地学习，张红的成绩越来越好，陆然已经被她成功甩在了身后，她在市里举办的全能竞赛中取得了第一名。随后电视台做采访，说要找一些班上的同学配合做节目。当班主任把这个好消息在班上宣布时，没想到很多人都是不屑的表情。

"我还以为是什么好消息呢，那种人，我才不去呢！"

"她呀，看不起我们。"

听着这些议论声，张红非常难过。就在她决定推掉电视台的采访时，事情峰回路转，陆然来找她："我们当你的后援团吧，大家挺兴奋的，因为你，我们都可以上电视呢。"张红心里涌上一阵暖意，突然有种想哭的感觉。

节目做得不错，同学们在镜头前都很配合，嘻嘻哈哈地说着张红的好。当主持人最后问起这些同学对张红的祝愿时，陆然作为代表认真地说："我希望她能够更快乐地跟我们在一起生活与学习，在分享她成功的同时，也能跟着她飞得更高。"

回去的路上，陆然问张红一直以来的愿望。张红诚实地告诉她，

自己想做个站在世界最高点的人，让人仰望。

"可是，站在最高点上太寂寞了，只有自己孤独地站在那儿，没有温暖，没有朋友。人偶尔站在上面可以享受成功的喜悦，如果一直站在上面会被郁闷死的。"陆然紧紧握了握张红的手。张红突然明白了，自己一直是个不懂交际的人，很固执地把自己排除在了众人之外。张红不自觉地握紧了陆然的手，她俩相视而笑。

在陆然的帮助下，同学们重新接纳了张红。张红终于明白，即使要攀登世界最高点，也需要团队的力量。只有整个集体分享你的成功，你的努力才更有意义。否则，即使做出再大的成绩，也没有人为你加油喝彩。

知识加油站

古龙，原名熊耀华，著名武侠小说家，与金庸、梁羽生并称为中国武侠小说三大宗师，代表作有《小李飞刀》《楚留香传奇》等。

一个人站在顶峰而无人喝彩，是不会快乐的。人是社会动物，需要有人分享你的快乐，分担你的忧愁。把甘甜与人分享，会更觉甘甜；把苦难与人分担，会觉得减轻许多。人生路上不可能一个人独行，女孩要学会与人分享，才会使自己更快乐。

## 学会分享的3个途径

分享是一件快乐的事，将生命中的点滴幸福和快乐与人分享，生命就会因为分享变得更加美好。女孩要如何才能学会分享呢？

第一，要想得到快乐、幸福和帮助，就得先学会与别人分享快乐和幸福，先学会帮助别人。帮助别人也是帮助自己。

第二，希望自己生活得好的人，也应该帮助其他人生活得更好；渴望快乐与幸福的人，应该先把自己的快乐幸福与别人分享。

第三，在平日的生活中，给人一个亲切的笑容、一句由衷的赞美、一次体贴的服务、一声真诚的慰问，都能带给对方莫大的快乐，我们何乐而不为呢？

# 分享让我们拥有更多

### ❀ 情商培养点：懂得分享才有收获

英国思想家培根曾经说过："如果把快乐告诉一个朋友，你将得到两份快乐；而如果你把忧愁向一个朋友倾吐，你将被分掉一半忧愁。"赠人玫瑰，手有余香，分享是连接我们与他人的一座桥，是驶向快乐王国的一艘船，它让我们彼此真诚，感受到生活的美好。

苏菲是一个精明能干的荷兰女商人，从事花木经营。有一年，她从非洲引进了一种罕见的花木品种，栽培在自家的苗圃里。她计划培育两三年，待培育出大批量幼株后，在市场上销售这个新品种，指望它物以稀为贵，能卖个好价钱，为自己带来巨大的经济效益。

第二年的春天，她引进的这种花开放了，鲜艳美丽，香飘四方，引来周围邻居和亲友的赞誉和喜爱。他们希望向苏菲要一些这种花木的种子，在自家的苗圃里也栽种一些。但苏菲担心他们会与她抢占市场，就找借口婉言拒绝了。

第三年的春天，又到开花季节。苏菲引进的那种名贵花已经繁育出了上万株，然而，令她沮丧的是，上一年娇艳无比的花朵已经变小了，花色也差多了，花瓣上有杂色，香味也几乎闻不到了。

难道这些花退化了吗？可是，非洲人每年大面积种植这种花，并没有见过这种情况呀！苏菲百思不得其解，便去请教一位养花专家。

专家来到了苏菲的苗圃，仔细查看了花株的生长情况，随后问她："与你这苗圃相邻的地里种的是什么？"

苏菲指着隔壁的苗圃说："那是别人家的苗圃，里面也种植花木。"

"他们种植的也是这种花吗？"

她摇摇头说："这种花在全荷兰，甚至整个欧洲也许只有我一个人种植，他们的花圃里都是些郁金香、玫瑰、金盏菊之类的花卉。"

"哦，原来是这样！"专家说，"我知道问题的根源了。"他接着说，"尽管你的苗圃里栽种的是这种名贵花木，但与你这个苗圃毗邻的苗圃种植着其他花木，你引进的这种花木在开花季节，被传授了临

近苗圃里其他花卉的花粉，所以它开花一年不如一年了。"

苏菲问专家该怎么办，专家说："谁能阻挡住风传授花粉呢？要想保持你引进的花不失本色，那就只能让你邻居的苗圃里也都种上这种花。"

于是，苏菲把自己的花种分给了邻居。这些花一上市，便被抢购一空，苏菲和她的邻居都发了大财。

有一句话说得好："共同拥有则人人都有，私自拥有反而一无所有。"愿意将自己的东西与大家一起分享，收获到的一定比分享出去的更多。女孩不要吝啬自己所拥有的，要慷慨地与他人分享，你才会有许多意想不到的收获。

**知识加油站**

异花传粉指一朵花的花粉传到同一植株的另一朵花的柱头上，或传到不同植株的另一朵花的柱头上。传送花粉的媒介有风、昆虫、鸟，甚至水。

**情商训练营**

### 培养慷慨大方性格的方法

精神富足的女孩是最美丽的女孩，慷慨大方的女孩是最富有爱心的。要做到与他人分享，女孩可以通过下面两个方法，培养自己慷慨大方的性格。

体会分享的快乐。切身体会和领会分享带来的快乐，享受分享带来的乐趣。这样，尝到分享的甜头后，自己会不自觉地去与他人分享。你不会觉得分享是件吃亏的事，相反，分享能给你带来收获和快乐。

不要被利益蒙住了双眼。摆脱以自我为中心的观念，不为了一己私利而自私自利，也要考虑到他人的需要。

# 与人合作力量大

## ✿ 情商培养点：合作让前进的道路不再难行

德国诗人歌德说过："不管努力的目标是什么，不管干什么，单枪匹马总是没有力量的。"团结就是力量，合作才有出路。合作不是一般意义上的人际交往，而是为了一个共同的目标结成的互助互利的关系。如果一个人不能与人真诚合作，他就很难取得成功。

芳芳的性格有些像爸爸。她已经上五年级了，仍然不是很活泼，平时不太愿意跟别人交流，就算是玩，大部分时间也是一个人。面对这种情况，妈妈跟芳芳的班主任沟通了一下，老师答应妈妈好好给芳芳上一课，好让芳芳明白与人合作的重要性，并且力邀妈妈去听讲。

有一次，妈妈应邀来到学校，悄悄地坐在教室后面。

上课后，老师特意把芳芳请上讲台，让她伸出自己的手，分别谈一下每根手指的优势和长处。芳芳说道："大拇指可以用来赞扬别人，食指可以用来指示事物，小指可以用来勾东西，中指可以……"不等芳芳把话说完，台下的学生纷纷帮她说出了许多每个手指的其他优势。

这时，老师笑眯眯地拿出一只玻璃杯，只见玻璃杯里面有几个玻璃球。老师对大家说："现在，请你们把玻璃球从玻璃杯里取出来，每个同学都有一次机会。你们可以用你们认为最有本事的那个手指把玻璃球从杯子里取出来。记住，只能用一个手指！"

孩子们的热情被老师鼓舞起来了，教室里的气氛非常热烈。每个同学都认真地走上去，用他们的手指去取玻璃球，但是，不管他们怎么努力，玻璃球就是取不出来。孩子们个个都很着急。

这时，老师再次对孩子们说："好了，你们可以邀请另外一个手指与原来那个手指合作，一起来取玻璃球。"这次，孩子们都成功地把玻璃球取了出来。

活动做完了，老师对孩子们说："现在你们应该明白了，一个人无论有多大的才能，他总有无法独立完成的事情，人与人的合作是多么的重要。"

**知识加油站**

歌德，德国著名诗人、剧作家，是世界文学领域的一个出类拔萃的光辉人物，代表作有《少年维特的烦恼》《浮士德》等。

芳芳妈妈想，从这以后，芳芳一定能体会到与人合作的重要性了。

芳芳的老师通过一个好玩的游戏，教会了学生们合作的重要性。如果用一根手指，根本无法完成任务，而用两根手指配合，就可以很轻松地把玻璃球取出来，因为互相合作的力量往往是非常强大的。

在日常生活中，有很多事情必须要两个或两个以上的人合作才能完成，只凭一个人的力量是无法做到的。与人合作的能力是当今世界人才的重要素质之一。作为一名青少年，需要团结合作的精神，这样才能使自己更加进步。

## 如何与人合作

**情商训练营**

一盘散沙，尽管它金黄发亮，也仍然没有太大的作用，但是如果和水泥结合地一起，就能盖成高楼大厦。单个人的力量犹如沙砾，只要与人合作，就会起到意想不到的变化，变成不可思议的有用之材。如何做到与人合作呢？

首先，要具有合作意识。合作的目的是为了通过大家的共同努力，取得共同的成功。如果你只是自私地想自己成功，而不顾其他人，这样没有人愿意和你合作。

其次，以诚相待，互相尊重。与人合作需要团结一致，真诚对待他人。

最后，胸怀大度，求同存异。面对合作中出现的一些分歧、矛盾，双方要互相谦让。

# 双赢的秘密

※ **情商培养点：互帮就是力量，互惠就有优势**

雄鹰展翅高飞，翱翔长空，那一片湛蓝包容了它的不羁，蓝天才多了一分高远；鲤鱼摆尾洄游，穿透碧波，那一片汪洋容纳了它的灵动，大海才多了一分澄澈；黄鹂枝头高唱，划破密林，那一片苍郁守护了它的机巧，于是，森林才多了一分空灵。彼此容纳，彼此和谐，这便是双赢的智慧。

在班里，玲玲和晓芸是一对文艺明星。玲玲歌唱得特别好，有个好听的绰号叫"百灵"；晓芸的舞跳得特别棒，大家都叫她"孔雀"。她俩是班级的"名片"，同时也是竞争对手，都希望自己是最受欢迎的人。

最近，市里打算办一场隆重的晚会，学校准备排一个节目参演。校长把这一光荣任务交给了她们班。她俩知道消息后，都不愿错过这个表现自己、为学校争光的机会，两个人都毛遂自荐，主动向班主任请缨。这可让班主任犯了难：玲玲的独唱在学校里数一数二，而晓芸的独舞也是无人能比，而节目只有一个，究竟让谁去好呢？

正在班主任犹豫不决时，玲玲突然灵机一动，主动找到晓芸说："咱俩都别争了，你看咱们合作个歌舞节目怎么样？我唱歌你跳舞，把咱俩的优势同时展现出来……"晓芸听了欣然应允。

一周后，她俩合作的歌舞节目《阳光女孩》，在晚会现场好评如潮。她俩既展现了自己，又为学校赢得了荣誉，也为彼此留下了一段闪光的记忆。

作为竞争对手，每个人都希望自己更优秀，然而竞争并不意味着"你死我活"。善于在竞争中合作，与竞争对手互惠互助，往往会得到意想不到的结果。玲玲和晓芸的歌舞合作，使她们优势互补，强强联合，两个人不仅为学校赢得了荣誉，也在竞争中实现了双赢，充分展示了自我。由此可见，女孩在学习中、生活中要树立双赢意识，学会在竞争中与他人互帮互助，从而使自己取得最佳成果。

**知识加油站**

毛遂自荐：毛遂是战国时期赵国平原君的门客。秦兵攻打赵国，平原君奉命到楚国求救，毛遂主动请求跟着去。现在用来比喻自己推荐自己。

**情商训练营**

## 获得学习上双赢的秘密

互帮互助是一种美德。对女孩来讲，不仅在日常生活中要互帮互助，在学习上更要互帮互助。这不仅能帮助别人，同时也能使自己得到进一步提升。

在学习上，如果我们把难题给不懂的同学讲明白，我们对知识的理解也加深了一步，这对我们也是一次提高；如果我们自己也不能讲明白，这说明别人帮我们找出了自己的一个知识盲点。这样，通过同学的提问找到自己的漏洞，认识了自己的不足，从而有利于补缺补差，使自己的知识体系更加完善。同时，还可以增进和同学间的交流，加深彼此间的友谊，是一种共同学习、共同进步的好方法。

# 向竞争对手学习

## ※ 情商培养点：对手是激励自己前进的动力

一名西点军校的教官曾经说过："对手是一面镜子，可以照见自己的缺陷。如果没有了对手，缺陷也不会自动消失。对手，可以让你时刻提醒自己：没有最好，只有更好。"与自己竞争的对手和平相处，公平竞争，有助于激发自己前进的动力；向自己的竞争对手学习，才能不断形成自己的优势，使自己更加强大。

蚌埠市一中读初二的向敏在新学期开始的时候给自己定下了这样一个目标：将自己的学习成绩提升到班里前五名。对此，爸爸问她："现在班里的前五名同学就是你的竞争对手，要想赶上或超过竞争对手，你就得了解竞争对手，虚心向竞争对手学习。你们班前五名同学都是谁，你都知道吗？"她说："我知道。"接着，她说出了前五名同学的姓名。

爸爸又问："第五名同学与你相比有哪些优点?"向敏说："她非常爱学习,学习很主动、很刻苦,课堂上勇于举手发言,自己弄不懂的问题就虚心向老师和同学请教。"

爸爸又问："第四名同学和你相比有哪些优点?"向敏说："她课堂听讲时精力非常集中,对知识能灵活掌握,从不死记硬背,能举一反三。"

爸爸又问："那第三名同学与你相比又有哪些优点呢?"向敏说:"她比较珍惜时间,也很有毅力,对疑难问题从不放过,直到钻研明白、弄懂弄通为止。还有,她总是能够按时完成作业,还比较喜欢看课外读物。"

爸爸接着又问："第二名、第一名同学和你相比又有哪些优点呢?"向敏如数家珍地做了具体回答。

最后爸爸说："现在你知道应该怎么做了吧?记住,知己知彼,心里才能有底,才能百战百胜;学人之长,才能胜利有望。"向敏顿时恍然大悟,信心十足地说:"爸爸,我明

**知识加油站**

西点军校,是美国第一所军事学校,校训是"责任、荣誉、国家",该校是美国历史最悠久的军事学院之一。

白了。您就等着瞧好吧,我一定不会让您失望的!"爸爸充满希望地看着女儿说:"好闺女,我相信你一定能成功。"

在爸爸的启发和帮助下,向敏看到了竞争对手的优势,找出了自己存在的差距,并化差距为志气,下定决心和气力比她们学得更好、更刻苦。由此,她的自身潜能得到了充分发掘,学习成绩提高很快,

期末考试成绩一跃名列全班前茅。

古人云："三人行，必有我师。"和自己的老师学本领，你会进步，而和自己的竞争对手学本领，你将飞跃。掌握了对手的能力，谁还是你的对手呢？与对手友好相处，学习对手的长处或偶尔帮助一下对手，这样更能一起携手共同走向进步。

## 怎样向竞争对手学习

**情商训练营**

对手是最好的朋友，向竞争对手学习是高情商的表现。女孩要做到有效地向自己的竞争对手学习，吸取他们的长处，在竞争中应该如何做呢？

学会欣赏和理解你的竞争对手。欣赏对手的长处，以对手的长处弥补自己的短处，从而看到自己的不足，以谋求共同进步、共同发展。

欣赏、理解、包容自己的对手，看淡结果的得与失。这样你的心也会因着这份平和而充满宁静和宽容。在面对竞争对手的时候，你也可以微笑着、气定神闲地迎接挑战：胜利了，赢得辉煌；失败了，同样也可以让你学到很多东西。

# 合作是打开成功大门的金钥匙

## ✿ 情商培养点：没有合作就没有成功

德国哲学家叔本华说过："单个的人是软弱无力的，就像漂流的鲁滨逊一样，只有同别人在一起，他才能完成许多事业。"世界上有许多事情，只有通过人与人之间的相互合作才能完成。一个人学会了与别人合作，也就获得了打开成功之门的钥匙。人们常说：小合作有小成就，大合作有大成就，不合作就很难有什么成就。这是非常宝贵的人生道理，女孩应该牢牢记住。

刚上初一的张雅自我推荐当上了班里的宣传委员，她接到的第一个任务是办一期以"珍惜时间"为主题的手抄报，而且这个手抄报是要参加年级评比的。

接到任务时，张雅很兴奋，但由于之前没有做过，有一些不知从何下手。她独自在家里画了好长时间，也只是"白纸黑画"，一点也不漂亮。张雅急得像热锅上的蚂蚁团团转，不知如何是好。晚上，她跟妈妈说了这件事，妈妈说："你可以找同学合作呀。"张雅一拍大腿："对呀！"她飞快地吃完饭，找到好朋友欣然和璐璐，和她们商量合作的事，没想到，她们也正考虑要帮助张雅。

于是，三个女孩组成了一个合作小组：欣然负责构思，璐璐负责文字，张雅负责画画。说干就干，女孩们马上就投入了紧张的战斗中。

办手抄报的第一步是布局。欣然一手拿着铅笔，一手在纸上画来画去，过了一阵儿，她开始拿着铅笔在纸上左勾右画，一会儿愁眉紧锁，摇头叹气，拿着橡皮在纸上擦来擦去，一会儿又眼珠一转，好像发现了新大陆一样……不一会儿，大体结构图就出来了。

第二步就是画画了，到了张雅大显身手的时候。她先在网上找到一些和珍惜时间有关的漫画，然后，便在手抄报上"奋笔疾书"，几下就把大概轮廓勾了出来，又在其他地方画上小插图。最后，女孩们又一起涂颜色，不到一小时，图画部分就完成了。

第三步就是写字了。璐璐从网上查了一些和珍惜时间有关的文章和名言警句，然后，她就开始专心致志地在板报上写字，张雅和欣然在边上帮她换不同颜色的笔，出谋划策。经过半小时，这张手抄报就大功告成了。三个女孩看着"新鲜出炉"的劳动成果，高兴地击着手掌，欢呼着："合作愉快！"

第二天到了学校，同学们看了她们的作品，吃惊地赞叹道："你们画得好漂亮呀！""你们也太有才了吧！""哇！这个手抄报准能得奖！"听着滔滔不绝的赞美，女孩们的心里简直像灌了蜜一样甜。后来，她们的作品在年级评比中获得了第一名，这是三个女孩共同合作才获得的荣誉。

**知识加油站**

威廉·詹姆斯，美国哲学家和心理学家，美国机能主义心理学派创始人之一，也是美国最早的实验心理学家之一，建立了美国第一个心理学实验室。

美国哲学家威廉·詹姆士说："如果你能够使别人乐意与你合作，不论做任何事情，你都可以无往而不胜。"三个女孩通过合作完成了一幅出色的手抄报，合作让看起来难的问题变得简单了。在我们的学习、生活中处处需要与人合作，"人心齐，泰山移"，合作使我们离成功更近。

## 与他人合作要注意的3个方面

德国诗人歌德曾经说过："合作永远是一切善良思想的人的最高需要。"女孩要想做大事，一定不要忘了与人合作，并在与他人合作的过程中要注意以下几点。

首先，合作应该从自身做起，保持自己最大的诚意，保证自己个性的良好平衡，避免走向极端，不要把其他伙伴当成你的部下和工具。

其次，在与自己伙伴合作的过程中，寻找积极的而不消极的品质，吸收彼此的长处和优点，不要总是抱怨别人。

最后，对伙伴表示寄予最大的期望，保持足够的谦虚，在别人的行为理应受到尊敬时，向别人诚挚地致以敬意。

# 学会分享与合作

## 1. 与他人分享快乐

在日常的学习、生活中，给人一个亲切的笑容、一句由衷的赞美、一声真诚的慰问，都能带给对方快乐。女孩想要得到快乐与幸福，就要学会与他人分享快乐和幸福。

## 2. 学会与人合作

"团结就是力量"是我们再熟悉不过的一句话。团结才有力量，只有与人合作，才会众志成城，战胜一切困难，产生巨大的前进动力。女孩要学会与老师合作，与同学合作，与朋友合作，与爸爸妈妈合作。在合作中要真诚相待，相互信任，面对合作中的分歧、矛盾，要学会谦让。

## 3. 在合作中竞争

没有竞争，合作就会缺乏生机与动力。一个班级就是一个集体，在这个集体中同学们在各方面也存在着竞争，如谁的成绩好，谁画画得好，谁唱歌好听等。有了这些竞争，同学们才会不断进取、奋力向前，在竞争过程中，找出自己的差距、弥补自己的不足，从而促使自己不断进步。这时候整个班集体也会更加优秀。

## 4. 在竞争中合作

竞争中也不能忘记合作，没有合作的竞争不是积极向上的竞争。女孩在竞争中不能为了一己私利不择手段，竞争最理想的结果是"双赢"。在学习和生活中，大家相互激励、相互帮助、取长补短，这样大家都会有所收获，都能得到提高。

## 第七章
# 问题面前不惊慌
## ——解决问题我能行

无论在学习还是生活中，遇到最多的往往是问题，你不去找问题，问题也会找你。所以，要么是你当"猎手"，去把问题"消灭"；要么你成为"猎物"，被问题打倒。女孩在问题面前不惊慌，冷静地思考解决办法，这些都是高情商的表现。

# 意外情况面前要冷静思考

## ❋ 情商培养点：冷静是最给力的力量

美国物理学家爱因斯坦曾经说过："凡在小事上对真理持轻率态度的人，在大事上也是不足信的。"无论是什么情况，女孩都要记住，在问题面前要冷静不要惊慌。只有冷静的人才会更准确地做出判断；只有冷静的人才懂得理解他人；只有冷静的人才能出色地解决棘手的问题。

女孩晴晴今年十一岁，是一名四年级的学生。暑假的一天，晴晴的爸爸妈妈准备好午饭，嘱咐晴晴后，锁上门上班去了，晴晴则自己留在家里做作业。

正当晴晴认真做数学题时，一阵"咚咚"的敲门声突然响起来。

"爸爸妈妈刚去上班，不可能马上回家呀，会是谁呢？"晴晴心里犯起了嘀咕。"咚咚"又是一阵敲门声，晴晴迟疑了一分钟，壮了壮胆子高声问道："谁呀？"

"小姑娘，我是你爸爸的朋友，有个东西他让我帮忙送过来，你把门打开让我进去吧！"晴晴走到防盗门的跟前，踮起脚透过猫眼，看到外面站着个跟爸爸年龄差不多的中年人。"这个人我从来没见过。"晴晴想。她又仔细看了一遍，看到那个人阴险地笑了一下，晴晴立刻警觉了起来。

"应该不是爸爸的熟人。"晴晴想到爸爸妈妈临走时嘱咐她不要给陌生人开门的话，决定不理他回去继续做作业。可刚一转身，晴晴又想到："如果真是爸爸的朋友呢？他究竟是好人还是坏人？我到底开不开门呢？"

"对了！"晴晴表现得很冷静，她想出了一个好办法。

"叔叔，您等一会儿，我找到门钥匙就给您开门。"话音刚落，晴晴快步走进了卧室，拿起电话拨通了爸爸的手机，小声地说："爸爸，我现在在家，家门外有一个人在敲门，我看了看不认识，他说是您让他送东西过来的，是这样吗？不是！那好，爸爸放心，我马上打110报警。"放下电话，晴晴立即又拨打了110。

不到 10 分钟，民警叔叔就赶到了现场，发现敲门人比较可疑，民警上前问道："你找谁？来这里有什么事？"那人一见到民警就支支吾吾地说不出话来，民警叔叔把那个人带到了街道派出所。

经过调查，这个人果然就是个小偷，他在晴晴家所在的小区附近游荡已久，今天看见晴晴的爸爸妈妈上班去了，晴晴一个小姑娘在家，就想乘机作案。若不是晴晴沉着冷静、机智应对，坏人很可能会得逞。

晴晴智擒小偷的消息在小区里传开了，大家都夸晴晴勇敢、聪明，

知识加油站

爱因斯坦，美籍德裔犹太人，1921 年诺贝尔物理学奖获得者，现代物理学的开创者、奠基人，相对论的创立者。

大家都很佩服晴晴沉着、冷静，晴晴还被评为小区的安防小代表。

生活中经常会有许多意外的事情发生，这时候一定要保持冷静，不要慌乱。沉着冷静地想想困难的来源，或该如何面对和处理，凡事多想一想，提醒自己该如何明智地应对。静下心来，困难其实很容易战胜。

聪明的朱佳用她"智斗歹徒"的故事，告诉我们在紧急关头，保持冷静的重要性。一天，朱佳与一个女同学走出校门不远，被几个一脸痞相的小青年拦住了。旁边的女同学当场吓得哭了起来，朱佳一时也有些慌了，但她很快冷静下来，机智地向迎面走来的一位推着自行车的中年妇女喊道："阿姨，您来接晓燕？她正在校门口等您呢！"小青年见她们来了熟人，赶紧散去。遇到问题不惊慌，就这样，朱佳用自己的冷静和智慧保护了同学和自己的安全。

机智的人在遇到困境时，能够运用冷静而善于思考的头脑，另辟蹊径，摆脱困境。亲爱的女孩，对任何事情，要学会沉着应对，认真思考，才能找到一份满意的答案。

情商训练营

## 做到冷静思考的三个步骤

女孩在遇到各种事情的时候，一定要沉着、镇定，不能乱了方寸。凡事只有保持镇定、处变不惊，才能理智地分析问题，找到解决的方法。那么在问题面前要如何才能做到冷静思考呢？

首先，培养冷静沉稳的性格。遇事不要惊慌、急躁，要有效控制自己的情绪，相信自己能找到解决的办法。

其次，遇事要多考虑一段时间。在做决定之前，先问自己是否已经把该考虑的都想到了，有没有什么遗漏，这样做是否可行……然后再理智地做出决定。

最后，最大限度地掌握实际情况。千万不要在对一件事情没有把握之前做决定，不能急躁。

# 学会给危险以迎头痛击

## ❋ 情商培养点：勇气使你在问题面前不退缩

英国政治家丘吉尔说："勇气是人类最重要的一种特质。倘若有了勇气，人类其他的特质自然也就具备了。"勇气是解决一切难题的前提条件，勇气是一种冒险，更是一种大无畏的气概。

有一位8岁的小女孩要去镇上的教士家学刺绣。当她走到教士家门口时，一只凶猛的雄鹅朝她扑来，还啄伤了她的手。女孩吓得号啕大哭，她发誓，再也不去学刺绣了。

她的母亲百般劝她，对她说："这是多么难得的机会啊，很多人也想去学，但教士都不肯收，幸亏他是我的朋友。"但小女孩坚持说："如果没有人给我做伴，我就再也不去学了。那只雄鹅多可怕呀！"

女孩不敢再出门了，她怕一出门就会碰到那只可怕的鹅。而情况后来竟严重到当她看到自己那可怜的伤疤时，都会因为想起那只鹅而颤抖，恐惧在她的内心种下了种子。

女孩的父亲看到这一切，他觉得自己的孩子不能这么懦弱，被一只鹅吓得不敢出门，那以后还怎么去面对生活中的重重困难呢？于是，父亲找来了一根长长的棍子交给他6岁的小女儿，对她说："孩子，希望你的胆子比姐姐大。"父亲告诉她："如果雄鹅来了，你尽管大胆地向它走去，然后用棍子狠狠打它，它就会跑掉的。相信爸爸！"

小女孩接过爸爸手中的棍子，心里满是恐惧，终于还是鼓起勇气，对爸爸点了点头。小女孩跟着姐姐来到教士家，刚推开院门，那只凶猛的雄鹅便又高高地伸着颈项，发出可怕的叫声向她们冲过来。姐姐飞快地跑到了门外。

小女孩也想跟着姐姐跑，这时候她突然想起了手中的棍子和父亲的话，她不能退缩！于是她闭上眼，伸出手中的棍子在空中一通乱舞，雄鹅竟然真的退却了。这让小女孩感到奇怪，继而感到无比骄傲，她战胜了那只可恶而凶猛的鹅！她欢呼雀跃，跑回家去想赶快告诉爸爸这个好消息！

**知识加油站**

丘吉尔，英国政治家、演说家，1953年诺贝尔文学奖得主，曾两度任英国首相，被认为是20世纪最重要的政治领袖之一。

女孩的爸爸把她高高举起，他说："我就知道，我的女儿是最勇敢的！"

这个小女孩后来成为德国著名的电器发明家，她的名字叫伊丽莎白。她在70多年后的《伊丽莎白自传》中写道："因为童年的一点启示，使我终身受用，不知不觉地给了我无数次的鼓励：遇到危险不要回避，要勇敢地迎上去，加以痛击。"

在面临困境时，如果不能积极思考问题，缺乏走出困境的勇气，最终的结果也只能是失败。成功者能积极思考问题，然后从中拿出勇气使自己变得勇敢起来，面对困难与问题勇往直前，最终成功地抵达理想之地。面对危险，女孩要学会勇敢地面对它、战胜它。你敢向危险走近一步，它就会向后退缩两步。

## 锻炼勇气的方法

情商训练营

德国诗人歌德说过："你若失去了勇敢，你就把一切都丢失了。"的确，有勇气不一定能成大业，但无勇气一定会一事无成。不论你要做什么事情，没有勇气当然是不行的。女孩如何锻炼自己的勇气呢？

正视自己的能力，了解自己的能力，发现自己在哪个方面的能力有欠缺，努力地去取长补短，增强自己的自信心，用自己生活的经验武装自己的头脑，自然而然勇气就会增加的。

可以在生活中寻找一些自己认为没有勇气做的事情去做，"明知山有虎，偏向虎山行"，尽自己最大的努力，来把那些事情搞定，对增强勇气也是大有好处的。

# 突发情况面前要机智

## ※ 情商培养点：突发情况面前不做有勇无谋的莽夫

鲁迅说过："倘没有智，没有勇，而单靠一种所谓'气'，实在是非常危险的。"在我们的生活中总会有一些突发的情况发生，这时候女孩不能逞一时之勇，仓促行事的鲁莽之举可能会使事情变得更糟。突发情况面前要勇敢，更要机智。

欢欢的母亲阑尾炎发作，正在市中心医院急诊室，需要马上动手术，在市里工作的妹妹要欢欢立即送五千元去。她赶紧准备好钱后，就直奔汽车站。欢欢的运气真不错，刚进站，就有一辆去市里的中巴车开始启动，她便招手上了车。车里的最后一个座位被她坐了，在她刚刚落座之际，又紧跟着上来了三四个小青年，都一字儿站在走道上，其中有一个长头发青年一手吊着车厢顶上的扶手紧挨着她站在了旁边。车厢里显得拥挤起来。和欢欢挨着坐的是一位衣装不整、面黄肌瘦、为人热情的中年妇女，她主动和欢欢打招呼聊天。欢欢见她一副农妇打扮，打心眼里瞧不起她，生怕沾脏了自己的衣服，因此，对她不冷不热。中年妇女见她很冷漠，也就知趣地不吭声了。

欢欢双手把装有五千元钱的钱包放在手提包里搂在胸前，然后靠在椅子上闭目养起神来。

"不得了啦！我包里的五千元钱被人偷走了！"中年妇女大声地叫起来，车厢里立刻沸腾了。欢欢听到邻座的中年妇女哭喊着钱丢了，顿时一惊，立即睁开了眼睛，不由自主地把自己的钱包摸了摸，发现包里的钱还在，就又把眼睛闭上靠在椅子上养神。

中年妇女继续哭道："狼心狗肺的小偷，你也不睁开眼睛瞧瞧，这五千块钱可是血汗钱呀！来得可不容易呀！全家人辛辛苦苦喂了一年的猪，才赚来的呀！是我儿子读大学的学费呀！现在钱没有了，我可怎么办呀……"

中年妇女的哭喊声把乘客们的话匣子打开了，有的骂小偷缺德，有的骂小偷该死。一直站在欢欢身边的长发青年鼓着一对牛眼，气势汹汹地对着中年妇女吼道："你丢了钱，在车上哭叫什么！把人家的瞌睡都吵醒了。一副倒霉相！活该！""我的钱被偷走了，难道我哭都哭不得？你真是欺人太甚！"中年妇女一点也不示弱。长发青年见状，立即伸手抓住了中年妇女的手往外拖。中年妇女用力挣脱了。

这时，站在走道上的三个小青年立刻围了上来，摩拳擦掌欲打中年妇女。正在闭目养神的欢欢实在看不下去了，便对长发青年说："如果是你丢了钱，你还能打瞌睡吗？你会不急不哭吗？人都要将心比心。"欢欢话音一落，车厢里的旅客异口同声，纷纷谴责长发青年。长发青年本想教训一下欢欢，不想他已经成了众矢之的。他怕引起更大公愤，便对司机高喊停车。车门一开，车上那几个小青年和长发青年　块儿下了车。

中巴继续前进。中年妇女突然破涕为笑，说她没有丢钱。车上的人都说她有精神病。中年妇女解释说，她虽然没有丢钱，但是，她旁边这个女孩的手提包被小偷划开了一个口子。欢欢拿起手提包仔细一

看，手提包的一面果然被划开了一道三四寸长的口子，钱包都要露出来了。此时的欢欢才吓出了一身冷汗。

于是，中年妇女道出了假哭的原因：当中巴车开出车站以后，站在欢欢旁边的长发青年拿出一把小刀，借着车厢的晃动，把她搁放在胸前的手提包划开了一道口子。这一切都被中年妇女看见了，她想给欢欢提个醒，又害怕长发青年这伙亡命之徒报复。如果不提醒欢欢，自己的良心又过不去。于是，在小偷的手伸向欢欢的钱包之际，她顿生一计，大声哭喊自己被小偷偷去了五千块钱学费。

知识加油站

鲁迅，原名周树人，我国著名的文学家、思想家、评论家、革命家。

这个普通的妇女，在看到别人的钱财受到侵害的时候，机智地用这种方法保护了别人，同时也保护了自己。在短时间内可以想出这么绝妙的办法，真的是一个聪明的农妇啊！

机智是计谋、精明的代名词。有智慧的人，最突出的特点是善于发现、善于观察、勤于思考，喜欢处理较复杂的问题。这样的人往往在做一件事情之前，便已想好了做事的办法和步骤。因而，在实际中也更善于把握时机。

### 机智应对危险的3个招数

在日常生活中，我们会遇到很多困难，很多障碍，甚至很多危险，这时候女孩该学会如何机智地力避危险，保护自己呢？

第一，保持镇定，不要惊慌失措。冷静地分析一下自己的状况、周围的环境和歹徒的行动目的，伺机而动。

第二，保护自己人身安全最重要。如果遇到的歹徒人多或带有凶器，不要与歹徒发生直接冲突，可将身上的财物交给歹徒，并在与歹徒周旋的过程中弄清他们的来路，亦可记住他们的相貌体态、衣着口音等特征，以便事后及时报警时为警察提供线索。

第三，遇到抢劫之后产生的沮丧、恐惧不安都是正常反应，要找家长、老师或同学倾诉一番，不要让不良情绪郁结在心中，对自己的心理造成不良影响。

## 做事要分清轻重缓急

❋ **情商培养点：有条不紊才能把每件事都做好**

当代管理学之父彼得·德鲁克说过："必须分清轻重缓急。最糟

糕的是什么事都做，但都只做一点，这必将一事无成。"做事分得清轻重缓急，有条不紊，是解决问题过程中必须明确、清楚的一点，尤其在面临纷繁复杂、接二连三的问题的时候，这一点显得尤为重要。

在一次时间管理的课堂上，老师在桌子上放了一个装水的罐子，然后又从桌子下面拿出一些正好可以从罐口放进罐子里的鹅卵石。

老师把石块放完后问同学们："你们说这罐子是不是满的？"

"是！"同学们异口同声地回答。

"真的吗？"老师笑着问。

然后她从桌底下拿出一袋碎石子，把碎石子从罐口倒下去，摇一摇，再加一些，又问道："这罐子现在是不是满的？"

这次同学们不敢回答得太快，大家都迟疑着。

最后班上有位女生怯生生地细声回答："也许没满。"

"很好！"

老师说完后，又拿出一袋沙子，慢慢地倒进罐子里。倒完后，再问同学们："现在你们说，这个罐子是满的呢，还是没满？"

"没有满。"全班同学这下学乖了，大家很有信心地回答。

"好极了！"老师说。

接着，她从桌底拿出一大瓶水，把水倒进看起来已经被鹅卵石、小碎石、沙子填满了的罐子里。

当这些事都做完之后，老师严肃地说："从上面这些事情中你能得到什么结论呢？"

班上一阵沉默，一个坐在前排的女生回答道："无论我们多忙，时间多紧，如果要挤一下的话，还是可以多做些事的。"

老师听了，点了点头，微笑着说："答得不错，但这并不是我要

告诉你们的重要知识。"

老师用眼睛向全班同学扫了一遍说："我想告诉大家的是，如果你不先将大的鹅卵石放进罐子里，也许你就永远没机会把它们再放进去了。"

同学们恍然大悟，老师是在教他们做事情要分清轻重缓急，学会安排做事情的顺序。在学习和生活中，当我们做事情手忙脚乱时，通常都是由于没有把事情的顺序安排好。

有这样一句名言："秩序是天国的第一定律。"所谓的秩序，就

**知识加油站**

彼得·德鲁克，生于维也纳，后移居美国，以教书、著书和咨询为业。德鲁克一生著书39本，被誉为"现代管理学之父"。

是在处理问题方面要分清轻重缓急，对于生活中的事情可以按重要性和紧急性的不同来确定处理的先后顺序，先集中时间做好比较重要的事，然后再处理碎石子、沙子一样的小事。养成这样做事的习惯，即使再多的事情堆在眼前也不会忙乱，这样的学习和生活才会更加充实、有效。

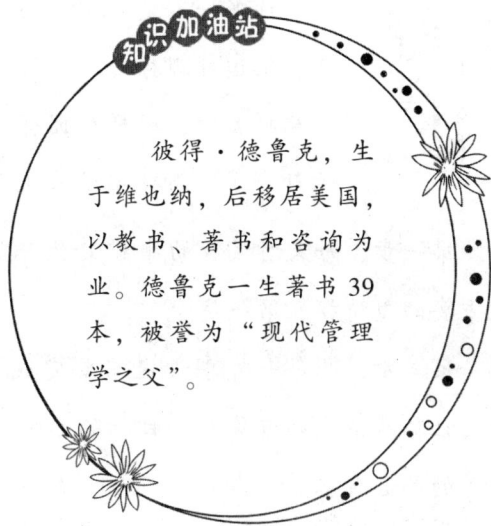

情商训练营

## 三步做到分清轻重缓急

学会分清轻重缓急，说起来容易，但做起来却不简单。许多女孩见到周围的同学或朋友有这样那样的东西，做这样那样的事，得到这样那样的好处，就想自己也样样都做，样样都拥有，于是就把轻重缓急丢到九霄云外去了。怎样才能做到分清轻重缓急呢？

第一步，每天对该做的事排好优先次序，并按照这个次序来做，把重要的事情摆在第一位。

第二步，为每一件事设定需要完成的目标。每个小目标的完成，都会让你清楚地知道你与大目标的远近。每日的行动、承诺都必须结合你的长远目标。

第三步，管理好自己的时间，有计划地学习和生活。

# 随机应变，化险为夷

❀ **情商培养点：随机应变，难题总有解决办法**

随机应变，是解决问题的良方。一个人即使有丰富的知识，如果缺少足够的智慧，不能随机应变、权衡利弊，不能在恰当的时候说恰当的话做恰当的事，不仅会轻易糟蹋自己的才能，也不能有效地解决问题。可以说，应变能力是当代人应当具备的基本能力之一。

在古代，有一个叫黄浦的女孩子，生性机敏过人，十几岁的时候就常常以自己的智慧来帮助弱小者，惩罚恶人。

一次，村长和黄浦他们坐船去参拜摩天神宫，当船驶过了奥星水道，进入了内海中央，第二天半夜里出了事儿。

"旅客们，不得了啦！我们碰到海盗船了！"船夫跑进来这么一喊，船舱里顿时变得像蜂窝一般乱哄哄的。在船舱里挤得满满的熟睡的人们，全部失魂落魄，手攥着怀中的钱包，哆嗦成一团。

"糟糕了，黄浦！强盗们把钱都抢去的话，别说参拜摩天神宫，恐怕什么事都干不成了！"连平时威严的村长，这时也沉不住气了，脸色苍白地只顾叹气。刚才歪着脑袋专心致志于沉思默想的黄浦，这时站了起来，大声说道："请大家不要担心！有一个绝不会被强盗发现的藏钱的地方。大家在自己钱包里少留点零钱，剩下的全部放在我这里吧！"

她把旅客们招呼到自己身边，悄悄说了些什么。人们觉得这是条妙计，大家立刻赞成，把钱交给黄浦保管。不一会儿，船被迫停了下来，闹哄哄的一大帮海盗气势汹汹地闯进船舱里来了。有一个面目可憎的头儿大声嚷道："喂，你们！把钱拿出来，一个子儿也不许留！小子们！一个一个给我搜！"说完，他瞪着凶狠的眼睛环顾四周。突然，他看到一个被粗绳子紧紧地绑着，吊在大柱子上的女孩，这就是黄浦。那头目问道："喂，这小丫头是干什么的？"

村长战战兢兢地回答说："这孩子别看模样善，实在是可恶，她趁我们不注意，偷起钱包来了。这是被大伙绑起来的，打算船一靠岸就把她送到衙门去。”

“小丫头，”那头目问黄浦，“这是真的？”

“是，家里穷得没法，我就混上这条船了，明知不好，还是伸手了。我再也不做坏事了，这一次就饶了我吧！”黄浦说得像真的似的，那些海盗们没搜黄浦的腰包，心想偷人钱的人还会有什么钱呢。

不久，众海盗查了一下抢来的钱包里的钱，全部加在一起也不到一两。强盗头目认定船上的人准是把钱藏在什么地方了，叫众海盗仔细四处搜寻，可怎么也找不出来。这当儿，天快亮了，海盗们无可奈何地回到自己的船上去了。

知识加油站

内海，指深入大陆内部，除有狭窄水道跟外海或大洋相通外，四周被大陆内部、半岛、岛屿或群岛包围的海域。

松了绑的黄浦笑容满面地从怀里掏出钱来，把大家的钱一一还回去了。这样，船平安地靠岸了。大家因为黄浦的智慧保住了自己的财产，纷纷对她表示感谢，而黄浦却只是害羞地摆一摆手，什么都不说。

在应对无法理喻的强盗的时候，用这种机智的办法是最有效的，因为斗蛮力的话必然会有人受伤，而亡命之徒般的强盗们是不怕这些的。黄浦用她的智慧来保护大家的财产，做到随机应变，这是值得女孩学习的地方。

## 培养随机应变能力的方法

随机应变是一种思维的灵活性，机智的人能随机应变，这样在一些问题面前，能尽量避免错误的发生或者挽回不必要的损失。那么应变能力要如何培养呢？

第一，多参加富有挑战性的活动。在实践活动中，我们必然会遇到各种各样的问题和实际的困难，努力去解决问题和克服困难的过程，就是增强人的应变能力的过程。

第二，扩大个人的交往范围。首先学会应对各种各样的人，才能推而广之，应付各种复杂环境。

第三，加强自身的修养。在工作、学习和日常生活中，遇事沉着冷静，学会自我检查；自我监督、自我鼓励，有助于培养良好的应变能力。

第四，注意改变不良的习惯和惰性。主动地锻炼自己分析问题的能力，迅速做出决定。从小事做起，努力控制自己，不达目标不罢休。

# 拒绝是一门艺术

## ✳ 情商培养点：学会对不合理的要求说"不"

喜剧大师卓别林曾说："学会说'不'吧！那你的生活将会美好得多。"女孩都希望做一个性格开朗、品性纯良、与人为善、富有爱心和同情心的人，能够自觉地帮助他人、包容他人。然而，生活中想做个有求必应的好人并不容易，人们的要求永无止境，往往是合理的、悖理的并存，如果你不好意思说"不"，轻易承诺了自己无法履行的诺言，将会带给自己更大的困扰和烦恼。

萨琳娜读高中一年级时，每月有 5 英镑的生活费。如果只是日常生活开支，这本该够用了，可她总是感到拮据。平时同学们邀请她参加聚会，她总是一口答应，即使那意味着第二天她没有吃午餐的钱了，她也很难说"不"。

一天上午，她的姑妈邀请她一起去某处吃午饭。实际上，萨琳娜生活费只剩 20 先令了，而这个月剩下的几天还要靠它呢。可是她觉得自己"无法拒绝"。

萨琳娜知道一家很实惠的咖啡馆，在那里每个人只需花 3 先令就可以吃顿还不错的午饭。这样的话，她就可以剩下 14 先令用到月底了。

"哎，"姑妈说，"我们去哪儿吃饭呢？午饭我从不吃得太多，一份就够了。咱们找一家好点儿的地方吧。"

萨琳娜领着姑妈朝那家咖啡馆的方向走去，突然她的姑妈指着街对面的那家"典雅餐厅"说："那儿不是挺好吗？那家餐厅看上去不错。"

"嗯，好吧，如果您喜欢那里的话。"萨琳娜这样说了。她可不能说："亲爱的姑妈，我的钱不够，不能带您去那样豪华的地方，那儿太贵了，花钱很多的。"她侥幸地想：或许买一份菜的钱还是够的。

服务员拿来了菜单，姑妈看了一遍说："吃这份好吗？"那是一道法式烹饪的鸡肉，是菜单上最贵的一道菜：要 7 先令。萨琳娜为自己点了最便宜的菜——价格只要 3 先令。这样，她用到月底的钱还剩下 10 先令。不，是 9 先令，因为她还得给服务员 1 先令小费呢。

"这位女士，您还想要什么吗？"服务员说，"我们这有俄式鱼子酱。""鱼子酱！"姑妈叫道，"啊，对，那种俄国进口的鱼子酱，棒极了！我可以要一些吗？"

萨琳娜不好说："哦，您不能，那样我用到月底的钱就只有 5 先令了。"她看着姑妈笑着点了点头。

于是，她要了一大份鱼子酱，还有一杯酒以及一份鸡肉。萨琳娜只剩下 4 先令了，4 先令只够购买一周的奶酪面包。可是，她们刚吃完鸡肉，又看见一个服务员端着奶油蛋糕走过去。"嘿！"姑妈说，"那些蛋糕看上去非常好吃，我不能不吃！就吃一个小的。"就这样只剩 3 先令了。

这时服务员又端来一些水果，她肯定该吃一些。当然，还得喝些咖啡，尤其是在她们吃了这么好的午饭之后。没有啦！甚至连准备给服务员的1先令也没有了。

账单拿来了：20先令。萨琳娜在盘里放了20先令，没有服务员的小费。姑妈看了看钱，又看了看萨琳娜。

"那是你全部的钱吗？"姑妈问。

"是的，姑妈。"

"你全用来招待我吃一顿美味的午饭，真是太好了——可是太傻了。"

"啊，不，姑妈。"

"你在大学是学语言的吗？"

"是的。"

"在所有语言中，你认为哪个字最难念？"

"我不知道。"

"就是'不'字。随着你长大成人，你得学会说'不'——即使是对你非常亲近的人。我早就知道你没有足够的钱来这家餐厅，可是我想给你个教训，所以我不停地点最贵的东西，并且我一直在注意你的表情，可怜的孩子!"姑妈付了账，并给了萨琳娜5英镑。

　　"天啊!"姑妈说，"这顿午餐差点儿撑死你可怜的姑妈了，你知道，我通常的午饭只是一杯牛奶。"

　　拒绝，是一门艺术，也是一门学问。有些时候，我们本想拒绝，心里很不乐意，却碍于面子点了头，结果给自己留下了长久的不快。女孩要学会拒绝别人，对于别人不合理的要求和建议，应大胆地说"不"。

**情商训练营**

## 学会拒绝的艺术

　　说"不"是一门艺术。女孩有的时候会遇到一些无理的要求，这时候千万不能心慈口软，否则很容易事与愿违，所谓"当拒不拒，必受其乱"。女孩要对无理要求大声地说"不"，下面两招帮助你学会拒绝。

　　首先，要学会坦然接受别人的拒绝。你有权利拒绝别人，当然，别人也有拒绝你的权利。当遭到拒绝的时候，也要以一个平和的心态来面对，坦然接受。

其次，学会一些拒绝的技巧。要学会委婉地拒绝别人，以免使双方都陷入尴尬的境地。委婉地拒绝别人，不是要女孩胡编乱造借口，敷衍搪塞别人。而是以温和友好的口吻，或向对方直接陈述拒绝对方的客观理由，或陈述某些其他理由以说明自己不能接受。

# 勇敢尝试，事情没有想象的难

### ❋ 情商培养点：没有尝试就放弃是懦夫的表现

《为学》中有这样一句话："天下事有难易乎？为之，则难者亦易矣；不为，则易者亦难矣。"人生，会面临许许多多的困难，有的人因害怕困难，不敢尝试，就会永远颓废下去；有的人勇于尝试，迎接挑战，最终获得成功。无论任何事情，首先要敢于尝试，且要明智地尝试，才能让不可能变为可能。

一次暑假，14岁的张帆参加了学校组织的国际夏令营，作为领队和其他十五个同学一起去美国加州大学体验生活。学校为他们预订了北京—洛杉矶—加利福尼亚州的联票。但是，由于疏忽，一个同学的去加利福尼亚州的机票没有及时确认，预订的航班被洛杉矶航空公司取消了。同学们都十分着急，大家不能丢下这个同学不管，可也不想因此都延误了行程。

张帆叫大家不要着急，然后叫上副领队一起到机场售票处，向售票员介绍了相关情况，希望她能够帮忙解决这一问题。但售票员说："这是加利福尼亚州航空公司取消的航班，和我们没有关系。""还有其他什么办法吗？要不重新买一张票吧。"但一问，票已经全部卖完了。

她们再一次请求售票员帮忙，但售票员的回答仍是："对不起，我也无能为力。"张帆问："难道没有别的什么办法了吗？"售票员回答说："你们可以去贵宾室试试。"

她们立即赶往贵宾室，但在门口就被拦住了，工作人员要求她们出示贵宾证。这一下她们又傻眼了，此时此刻，到哪里去办贵宾证啊？

张帆又向工作人员讲了一遍情况，但工作人员还是不同意让她们进去。这时，张帆突然

知识加油站

莎士比亚，英国伟大的剧作家、诗人，欧洲文艺复兴时期人文主义文学的集大成者，被誉为"人类文学奥林匹克山上的宙斯"。

想到爸爸之前也是在一个紧急情况下，买到了机场的机动票，于是问了一句："假如买机动票，应该找谁？""只有找总经理，不过我劝你们还是别去找了，现在票紧张得很呢！"

经过了多次碰壁，副领队已经灰心丧气了，她说："算了吧，肯定没有希望了。不然，我们大家一起等下一次航班吧。"

此时，张帆也有点动摇了，但很快她又否定了自己的想法，决定还是去试一试，她快速地向总经理办公室走去。见到总经理后，她将事情的来龙去脉又讲述了一遍。总经理听完以后，看着她满是汗水的脸，笑着问："孩子，你多大了？"

得知她刚刚 14 岁，总经理竖起大拇指，对她说："我们只有一张机动票了，本来是准备留给其他重要客人的。但是你的坚持和勇气让我非常感动。这样吧，票就给你了。"

当她拿着机票走出办公室时，同学们简直是喜出望外。大家顺利地登上了飞机，按时到达了目的地。

大家都对张帆充满了敬佩，副领队也忍不住问她，是什么让她做到了这点。

她说："其实，当副领队说一点希望也没有的时候，我也很想放弃。我已经被拒绝多次了，我也怕见到总经理后，仍然会遭到拒绝。但是，我又不甘心，觉得只要有一点希望，就还有成功的机会，就应该去试一试！"

英国文豪莎士比亚说："本来无望的事，大胆尝试，往往能成功。"无论是学习还是生活中，每个人都在不断接触新事物，遇到新问题。许多事，都要经过不断尝试才会成功，如果因为一次失败就退缩了，那么注定什么事都做不成。女孩要记住：勇于尝试，成功才会降临。

**情商训练营**

## 如何培养勇于尝试的精神

胡适有一句名言："自古成功在尝试。"成功者都有一种强烈的欲望，那就是要把事情做好。他们认为取得成功是非常重要的，并且拼命去争取。女孩要想把事情做好，就要具有勇于尝试的精神。如何培养勇于尝试的精神呢？

首先，保持对事物的新鲜感和好奇心。相信人生就是一个不断尝试的过程，只有不断尝试，才会拥有成功。

其次，敢于挑战自我。很多事情只有自己去做了，才知其中的奥秘，才会明白事情并没有那么难。

最后，在难题面前不轻易低头。勇于尝试，要求自己不仅要有勇气面对困境，还要有勇气战胜它。

## 解决问题要拥有的 6 大能力

### 1. 冷静面对

女孩在遇到各种特殊情况的时候，一定要沉着、镇定，有效控制自己的情绪，相信自己能找到解决问题的办法，并在对实际情况有足够的把握之后，理智地做出决定或实施解决办法。

### 2. 勇敢迎接挑战

女孩要在日常生活中锻炼自己的勇气，不做胆小的"娇小姐"。要做到在危险面前无所畏惧，在挑战面前迎难而上，在考验面前坚持到底。

### 3. 机智应对

当有突发情况或者遇到危险的时候，女孩要勇敢，更要机智。要善于发现、善于观察、勤于思考，用聪明才智处理较复杂的问题。

### 4. 做事果断

做选择的时候当机立断，不拖沓、不犹豫，不抱怨以前没做好的事情，珍惜现在，把握未来。

### 5. 分清轻重缓急

做事时分清轻重缓急，这样才能条理清晰地解决问题，不会顾此失彼。必要的时候女孩可以有所舍弃，学会掌握分寸，分得清孰轻孰重。

### 6. 勇敢尝试

不要被事物的外表所蒙蔽。许多看似困难的问题，并没有你想象的那么可怕，相信自己有能力解决掉它，敢于尝试创新。

# 第八章

## 阳光总在风雨后

### ——挫折面前要坦然

　　生命就像一条大河，时而宁静，时而澎湃，难免有风雨，难免有挫折。正因为这样，女孩更应该勇敢，因为风雨过后总有彩虹，坎坷路尽，脚下便是灵山。世间的事情只怕两个词，一是认真，二是执着。认真改变自己，执着改变命运，只要能咬紧牙关坚持，再大的风雨都会过去，再可怕的梦也都会醒来。

# 挫折面前要有一分坚持

## ❋ 情商培养点：战胜挫折需要坚持不懈

挫折与苦难是对绚烂人生的一种打磨，不懈的坚持是开启成功之门的钥匙。坚持是秋风肃杀之后傲菊的依然绽放；坚持是经历了苦寒后腊梅的郁郁含香；坚持是苦难挫折打磨下依旧挺立的身姿；坚持是狂风暴雨中永不畏惧的呐喊。只有坚持，才能在人生道路上，一路高歌。

在美国夏威夷的基拉韦厄小镇，有一个叫贝萨尼·汉密尔顿的小女孩，她非常喜欢冲浪。从小她跟随父亲在夏威夷海岸与奔腾的浪潮搏击，然而一场突如其来的灾难却差点夺去她的生命。

那是2003年10月31日的早晨，海中的一条鲸鱼撕去了小姑娘的左手。

几个星期之后，她受伤的胳膊上缠绕的绷带被慢慢拆开，难看的伤口呈现出来。她的哥哥顿时脸色惨白，妈妈几乎要晕倒，年迈的外婆独自走出病房掩面而泣。

没人愿意接受这个残酷的事实，这一年，她才13岁。

唯独贝萨尼自己显得异常平静，说了一句让所有人都感到震撼的话："世界上没有可以让时间倒流的机器，我无法改变这个现实，也许这就是上帝为我安排的命运。我要勇敢地面对它，我仍然期待有一天能够重返大海。"

　　一个多月后，人们惊奇地发现，她的身影又出现在海边。人们关切地询问她的近况，她说："我还要继续冲浪！"对此，人们都对她报以祝福的笑容，但大多数人都认为这是不可能的。冲浪是一种需要技巧和平衡的运动，一个断了手臂的人如何能在翻滚的大浪中做到平衡呢？

　　事实证明，贝萨尼可以做到！她又开始刻苦训练。当她再次登上冲浪板时，不一会儿就掉进了咸涩的海水里，坚强的小女孩马上又站起来重新登了上去……

　　人们好心地劝她停止这种无谓的努力，但她表示要坚持下去，并富有激情地说："我的灵魂属于冲浪，冲浪板就是我的生命之船，而我的双臂就是一对儿船桨。以前我用双桨遨游大海，现在我不小心折断了一支，所幸的是我还有一支。只要有一支桨，我照样可以遨游大海！"

**知识加油站**

锦标赛，亦称"冠军赛"，为检查某一单项运动发展情况和训练成绩而举行的比赛，是不同地区或竞赛大组的优胜者之间的决赛。

　　就这样，贝萨尼一次又一次地从冲浪板上摔下来，一次又一次地登了上去……

终于，在经过漫长而刻苦的训练之后，她不仅恢复了原来的冲浪水平，而且还有所提高，居然令人惊叹地获得了一系列赛事的冠军。

一年后，19岁的贝萨尼一举夺得了第15届美国冲浪锦标赛冠军。不久，她加入国家冲浪队，准备向世界冲浪冠军的宝座发起冲击。

德国著名音乐家贝多芬说："卓越的人的一大优点是：在不利和艰难的遭遇里百折不挠。"每个人都希望成为人生跑道上的胜利者，但鲜花和掌声只给坚持到最后的那个人。只要心中一直怀着永不放弃的信念，再多的挫折和苦难都会过去。百折不挠，坚持不懈，你也可以创造奇迹。

## 情商训练营

### 怎样做到永不言弃

美国著名篮球运动员迈克尔·乔丹说："我可以接受失败，但我不能接受放弃！"永不言弃是一种精神，更是一种人生的态度。那我们怎样能做到永不言弃呢？

第一，正确认识挫折，要懂得生活中随时可能遇到挫折，只有通过克服困难，本领才会越来越大。

第二，确定明确的目标。有了目标，就会为实现目标而去努力，从而激发自己的坚毅和战胜困难的勇气。

第三，不断地自我激励。在生活中体验成功的快乐，树立起自信心，相信自己能做好。

第四，多读一些古今中外的名人轶事，学习他们吃苦耐劳、坚持不懈的精神，把他们作为自己的榜样。

# 坚强的意志能战胜挫折

❉ **情商培养点：坚强的意志是战胜挫折的根本**

在生活的不幸面前，是否具备坚强刚毅的性格，是区别伟大的人和平庸的人的标志之一。在生活中遇到一点挫折就止步不前或逃避退缩，这样的人生必然一无所成。意志坚强的人敢于直面挫折，在挫折面前越挫越勇。

2011 年，25 岁的张家界土家族盲人姑娘刘赛，登上了星光大道年度总决赛的最高领奖台。她用自己的歌声和舞姿征服了观众和评委，更以自强不息的勇气和清澈如水的笑容博得了掌声和赞叹。

1987 年，刘赛出生在湖南省桑植县一个普通的家庭。刘赛从小就是一个非常可爱、聪明的孩子，5 岁以前她的视力很好，会认很多的字，背很多的诗。5 岁后，刘赛的视力日渐衰退，医生诊断出刘赛患有先天性眼底疾病，不可能治好，而且将来会失明。

医生的诊断给了刘赛的父母当头一棒，想着女儿将来面临的艰难生活，夫妇俩抱头痛哭，而刘赛却没有放弃对生活的希望。

因为身体缺陷，为了不让人看低自己，刘赛从小就很要强，特别在学习上，她比别的孩子更用功。刘赛的视力不断下降，最终只能感受到一米以内模糊的光影，连书本上的字都无法看清。读初中的时候，

放大镜已经对刘赛没有多少作用了，她基本上靠听课来学习。因为是寄读，没有人照顾她，洗衣、打饭都是她自己去做，她从不依赖别人。

刘赛从小就颇具音乐天赋，当地的山歌，只要大人唱两次，她很快就能学会，她觉得那些优美的旋律让她感觉生活特别美好。

2002年6月，刘赛初中毕业，她决定报考湖南省艺术职业学院。在妈妈的陪同下，刘赛出现在湖南省艺术职业学院招考老师的面前。哪个方位是评委，需要上前走多少步，哪个方位是观众，离她有多少步距离，妈妈都事前做好观察再悄声告诉女儿。因此，尽管什么都看不见，但刘赛对招考现场整个房间的布置都一清二楚。她投入地演唱，唱完后微笑着向老师鞠躬、退场，没有人发现她的异常。几天后，揭榜的时候，刘赛以优异的成绩被艺术职业学院音乐系录取了！

军训时，刘赛因为看不清楚队伍和路面，摔跤成了家常便饭，每次都引来同学们哄笑。直到这时，班主任才知道刘赛是一个盲生。这在艺院招生史上还是第一次出现！班主任赶紧把情况汇报到校委会，学校对刘赛做出了劝退的决定。

**知识加油站**

维克多·雨果，法国浪漫主义作家，代表作有《巴黎圣母院》《悲惨世界》《海上劳工》等，是19世纪前期积极浪漫主义文学运动的代表作家。

"我喜欢唱歌，我要唱歌，我想在艺校好好地学习，为什么学校不给我机会？"刘赛哭着说。她恳求学校给自己一个机会，让她圆了

自己的音乐梦。最后学校破格给她一个学期的试学时间，如果她在学校能独立照顾自己，且能完成规定的教学内容，就允许她继续留校学习。

一学期后，刘赛不仅在校能独立照顾自己，而且学习成绩居然排在系里第二名，她由此顺利通过了学校的考察，成为省艺术职业学院建校以来第一个破格录取的学生，也是湖南省第一个破格录取的声乐盲生。

经过五年的学习与磨炼，专业成绩优异的刘赛毕业后被中国残疾人艺术团招收为正式演员。2008年8月28日，在北京的天坛刘赛参加了残奥会的圣火采集仪式，并进行了现场演唱。2011年刘赛登上星光大道的舞台，用自己坚强的意志和专业的实力向人们证明了自己。

法国作家雨果说过："人生的大道上荆棘丛生，这也是好事，常人都望而却步，只有意志坚强的人例外。"苦难可以摧残人的身体，却摧不垮人的坚定信念和顽强意志。敢于战胜困难，在苦难面前绝不低头，这样的人最终才会站到成功的领奖台上，而畏惧困难的人则可能站在成功者的阴影里。

情商训练营

## 3个方法助你培养坚强意志

俄罗斯作家莱蒙托夫曾说："意志是每一个人的精神力量，是要创造或是破坏某种东西的自由的憧憬，是能从无中创造奇迹的创造力。"意志的锻炼是一个艰苦而漫长的过程，要通过日久天长的努力和不断地实践，才能最终培养出顽强的意志。

第一，树立崇高的目标，激发强烈持久的动力。一个人如果有远大的志向，就会时刻想着自己行动的真正意义与最终目的，且不达目的誓不罢休。

第二，要增强战胜困难的勇气、信心、耐心和恒心。

第三，要培养对所从事的学习与工作的浓厚兴趣。因为兴趣是毅力、恒心的门槛，只有有了其乐无穷的兴趣，才能苦中得乐，乐而忘难。

# 命运掌握在自己的手中

## ❋ 情商培养点：坚强勇敢是改变自己命运的法宝

德国音乐家贝多芬说："我要扼住命运的咽喉，它妄想使我屈服，这绝对办不到。"每个人的命运不是掌握在上天手中，也没有掌握在其他人的手上，而是实实在在地把握在自己的手里。只有坚强勇敢的人才能拥有掌握自己命运的法宝，那些屈服于命运的人，只能做命运的奴隶。

派蒂年幼时，被诊断出患有癫痫。她的父亲吉姆·威尔森有一个习惯，就是每天晨跑。

有一天，戴着牙套的派蒂兴致勃勃地对父亲说："爸爸，我要每天跟你一起慢跑，但我担心中途病情会发作。"

她父亲回答说："万一发作，我也知道该如何处理。我们明天就开始跑吧。"

十几岁的派蒂就这样与跑步结下了不解之缘。和父亲一起晨跑是她一天之中最快乐的时光。在跑步期间，她的病一次也没有发作过。

一个多月后，她向父亲表达了自己的心愿："爸爸，我想打破女子长距离跑步的世界纪录。"父亲替她查找了吉尼斯世界纪录，发现女子长距离跑步的最高纪录是80英里。

这时，刚上高中的派蒂为自己订立了一个长远的目标：

高一时，要从所在学校跑到旧金山（400英里）；

高二时，要到达俄勒冈州的波特兰（1500英里）；

高三时，要到达圣路易市（约2000英里）；

高四时，要向白宫前进（约3000英里）。

虽然派蒂的身体状况与他人不同，但她仍然满怀热情与理想。对她而言，癫痫只是偶尔给她带来不便的小毛病，她没有因此变得消极或畏缩。相反，她更珍惜自己已经拥有的。

高一时，派蒂穿着上面写着"我爱癫痫"的衬衫，一路跑到旧金山。她父亲陪她跑完了全程，做护士的母亲则开着旅行拖车尾随其后，照料父女两人。

高二时，派蒂身后的支持者换成了班上的同学。他们拿着巨幅的海报为她加油打气，海报上写着"派蒂，跑啊！"

但在这段前往波特兰的路上，她扭伤了脚踝。医生劝告她立刻中止跑步："你的脚踝必须上石膏，否则会造成永久的伤害。"

她回答道："医生，你不了解，跑步不是我一时的兴趣，而是我一辈子的至爱。我跑步不单是为了自己，同时也是要向所有人证明，身有残缺的人照样能跑马拉松。有什么方法能让我跑完这段路？"

医生表示可用黏合剂先将受损处接合，而不用上石膏。但他警告

知识加油站

"吉尼斯"原是一家啤酒厂的名字。据说，当时人们在吉尼斯饮酒时，常常争论世界上什么最大、最小、最重、最轻等问题。公司老板为了招揽顾客，印了小册子来回答这些问题，逐渐发展为现在的《吉尼斯世界纪录大全》。

说，这样会起水疱，到时会疼痛难耐。派蒂二话没说便点头答应。就这样，她终于来到波特兰，俄勒冈州州长还陪她跑完最后一英里。一面写着"超级长跑女将"大红标语字的横幅早在终点等着她，派蒂在17岁生日这天创造了辉煌的纪录。

在高中的最后一年，派蒂花了4个月的时间，由西海岸跑到东海岸，最后抵达华盛顿，美国总统接见了她。她告诉总统："我想让其他人知道，癫痫患者与一般人无异，也能过正常的生活，也有自己存在的价值。"

英国哲学家培根说："好的运气令人羡慕，而战胜厄运则更令人惊叹。"世界上很少有完全随心所愿的幸运，可能是自身的不足或者是客观环境使自己不如意。但亲爱的女孩请记住：生命的价值可以靠自己的努力去实现。我们要勇于与命运抗争，自己的命运要靠自己来主宰，有意义的人生要用自己的双手去创造。

**情商训练营**

### 把握命运主动权的绝招

古希腊哲学家柏拉图曾经说过："命运是人生中的第一学问。"女孩要做自己命运的主人就要把握命运的主动权。如何才能把主动权握在手中呢？

首先，女孩要勇于挑战自己的命运，要充满激情地奋斗，以强大的决心和持之以恒为后盾与命运做抗争。

其次，女孩绝不能向命运低头。在厄运面前，要像顽强的小草，坦然接受命运的安排，但把自己的根系深植于岩石的缝隙中，让自己

的生命充满希望。

最后，为改变自己的命运而努力奋斗。

# 挫折让我们更坚强

### ❀ 情商培养点：生命在磨难中升华

金子不经过冶炼，不能变得更纯；宝剑不承受打磨，不能变得锋利；雏鹰不经苦难，不能展翅高飞。苦难是人生一笔宝贵的财富，正是有了苦难的磨砺，生命之花才会更显绚烂；苦难是成长中最好的催化剂，正是有了苦难的洗礼，前进的脚步才会更显成熟。多吃一点苦，多受一点挫折，可以使我们更坚强。

夏洛蒂·勃朗特出生于英国北部约克郡的豪渥斯，父亲是当地圣公会的一个牧师，母亲是家庭主妇。夏洛蒂·勃朗特排行第三，有两个姐姐、两个妹妹和一个弟弟。两个妹妹，即艾米莉·勃朗特和安妮·勃朗特，也是著名作家，因而在英国文学史上常有"勃朗特三姐妹"之称。

夏洛蒂·勃朗特的童年生活很不幸。在她 5 岁时，母亲便患癌症去世了，父亲收入很少，全家生活既艰苦又凄凉。

1824 年，姐姐露西亚和伊丽莎白被送到豪渥斯附近的柯文桥的一所寄宿学校去读书，不久夏洛蒂和妹妹艾米莉也被送去那里。

当时，只有穷人的子女才进这种学校。那里的条件极差，教规却非常严厉，孩子们终年无饱食之日，又动辄要受体罚；每逢星期天，还得冒着严寒或者酷暑步行几英里去教堂做礼拜。由于条件恶劣，第二年学校里就流行伤寒，夏洛蒂的两个姐姐都染上此病，被送回家后没几天就痛苦地死去了。这之后，父亲不再让夏洛蒂和艾米莉去那所学校，但那里的一切已在夏洛蒂的心灵深处留下了可怕的印象。她永远忘不了这段生活，后来在她的小说《简·爱》中，她又饱含着痛切之情对此作了描绘，而小说中可爱的小姑娘海伦的形象，就是以她的姐姐露西亚为原型创作的。

15 岁时，夏洛蒂进入了伍勒小姐在罗海德办的学校读书。几年后，她为了挣钱供弟妹们上学，又在这所学校里当了教师。她一边教书，一边继续写作，但至此还没有发表过任何作品。

**知识加油站**

《简·爱》，是一部带有自传色彩的长篇小说，作者是 19 世纪英国著名的女作家夏洛蒂·勃朗特，它阐释的主题是：人的价值等于尊严加爱。

1836 年，也就是在她 20 岁时，她大着胆子把自己的几首短诗寄给当时的桂冠诗人骚塞，然而，得到的却是这位大诗人的一顿训斥。骚塞在回信中毫不客气地对她说："文学不是女人的事情，你没有写诗的天赋。"这盆冷水使夏洛蒂很伤心，但她并没有因此而丧失信心，仍然默默地坚持写作。后来，她凭着《简·

爱》一举成名。

夏洛蒂·勃朗特所经历的挫折使她比同龄人更多了一分沉稳和历练，使她更深刻地懂得了自立、自强的重要。受一些挫折可以使人更快地成熟起来，成为生活中的强者。

## 挫折的积极作用

英国哲学家培根说过："超越自然的奇迹多是在对逆境的征服中出现的。"面对挫折不退缩，勇敢地挑战挫折，你会发现挫折在我们的人生中就会具有很重要的积极意义。

首先，挫折增长我们的聪明才智。经历过挫折，要及时地总结经验和教训，不断改正错误，找到改进方法，使自己的聪明才智得到进一步发挥。

其次，挫折可以激发我们的勇气。对于一个有志者来说，挫折会唤起他的自信心，激发他的进取心。

最后，挫折增强我们的意志力。成功是对一个人意志力的考验，一个人只有具有坚强的意志力，才能够勇敢地面对所遇到的困难而不被打倒。

# 顽强拼搏就是胜利

※ **情商培养点：战胜挫折少不了顽强拼搏**

法国启蒙思想家伏尔泰说过："人生布满了荆棘，我们想的唯一办法是从那些荆棘上迅速跨过。"大海因为拥有波澜，才更显壮丽；树木因为接受雨的洗礼，才更显苍翠；而生活因为有挫折的存在，才多了几分感动，几分坚强。挫折面前，一定要顽强拼搏，女孩要相信：风雨过后会有彩虹，黑暗之后才是黎明。

1899 年 6 月，在美国哈佛大学女子学院的一个考场里，有一个 19 岁的少女，她是一位盲人，而且又是聋哑人。她在入学考试中，只用了 9 个小时，就顺利完成了德语、法语、拉丁语和其他课程的考试，并取得了优异成绩，成为哈佛大学的一名大学生。

想顺利通过同样的考试，即使是一个身体健全的人，也是相当不容易的，何况是一位又聋又哑又盲的少女呢！在许多人看来，这简直就是一个人间奇迹！而创造这一奇迹的就是美国著名作家海伦·凯勒。

在小海伦一岁半的时候，她患上了一种名叫"猩红热"的疾病，结果成了一个又聋又哑又盲的小姑娘。小海伦的父母看到女儿无法用语言与人交流，就为她请来了一位有经验的家庭教师安妮·沙利文小姐。

沙利文小姐是一位教过聋哑孩子的家庭教师，即使她有教聋哑孩子的经验，起初她与小海伦进行交流和教她识字，也是非常困难的。沙利文小姐来后不久，送给小海伦一个布娃娃。小海伦抚摸着布娃娃很高兴，沙利文小姐便在海伦的手心写上"娃娃"这个单词，并读"娃娃，娃娃"。小海伦看不见又听不到，她起初不明白"娃娃"是什么意思，沙利文小姐就一遍一遍耐心地教她，小海伦终于慢慢明白了。小海伦就是这样通过一遍一遍的重复，掌握了一些生活中常用的单词。

后来，在聋哑学校里，校长富勒女士亲自教小海伦学发音。她让小海伦把手放在她的嘴唇上，来感觉舌头和嘴部肌肉的变化规律，并一遍又一遍地教她模仿着发音。小海伦每天坚持练习，终于学会了用嘴巴说话，用手指"听"话。

此后，小海伦开始用惊人的毅力，学习英语、德语、法语、拉丁语和希腊语。老师讲课时，沙利文小姐把内容拼写在小海伦的手上。小海伦明白了之后，靠记忆去理解学过的课文，再用凸写器做作业。她用这样的方法学习了代数、几何、物理

**知识加油站**

哈佛大学，是一所位于美国的私立大学，在世界上享有顶尖大学的声誉、财富和影响力，被誉为美国政府的思想库。

等课程，还用打字机写文章和翻译作品。

海伦上大学二年级时，完成了自传体小说《我生活的故事》。小说发表后，受到马克·吐温等作家的赞赏，被誉为"世界文学的杰作"。从此，海伦笔耕不辍，一生共出版了 14 部著作，成为著名作家。

有人把少女比作美丽的天使。身体的缺陷曾使海伦·凯勒一度缺失了飞翔的翅膀，但她靠着坚强的意志、顽强的毅力获得了一双隐形的翅膀，在与命运的顽强拼搏中，终于飞过了黑暗，迎来了黎明。海伦·凯勒说："对于凌驾命运之上的人来说，信心是命运的主宰。"在人生的道路上，曲折坎坷并不可怕，只要你坚持梦想，并为之奋斗，你就能够飞往理想的彼岸。

**情商训练营**

### 顽强拼搏要做到的 3 个方面

美国作家海明威说："人不是为失败而生，一个人可以被毁灭，但不能被打败。"人生就是一个不断遇到挫折、战胜挫折的过程。坚定的信念，让女孩勇于面对生活中的各种挑战，勇敢地面对生活中的苦难与挫折，为了自己的梦想而顽强拼搏。

第一，相信自己。相信自己有能力面对一切突如其来的困难和挫折，克服不利因素走出逆境。

第二，坚定自己的信念。在挫折中激发自己坚强的意志和信念，即使困难再大也要为了自己的理想而奋斗。

第三，培养永不言败的精神。挫折面前，不要轻易地说："我不行"，跌倒了再爬起来，坚持到最后的胜利。

# 只是挫折，不是绝境

※ **情商培养点：道路是曲折的，前途是光明的**

俄国诗人普希金说："假如生活欺骗了你，不要伤心，不要忧郁，不顺心的时候充满希望，等着快乐的日子就要到来。"人生如花开花谢，潮起潮落，有得必有失，有苦必有乐。人生就是一种历练。面对困难和挫折，心中不放弃希望，勇敢、坦然自若地应对，前方将是一片光明。

王兰刚刚从祖父手中继承了美丽的"森林庄园"，一场雷电引发的山火就将其化为灰烬。面对焦黑的树桩，王兰欲哭无泪。年轻的她不甘心百年基业毁于一旦，决心倾其所有也要修复庄园。她向银行提交了贷款申请，银行却无情地拒绝了她。接下来，她四处求亲告友，依然一无所获……

所有可能的办法全都试过了，王兰始终找不到一条出路，她的心在无尽的黑暗中挣扎。她知道，自己以后再也看不到那郁郁葱葱的树林了。为此，她闭门不出，茶饭不思，眼睛熬出了血丝。

一个多月过去了，年已古稀的外祖母获悉此事，意味深长地对王

兰说："孩子，庄园成了废墟并不可怕，可怕的是你的眼睛失去了光泽，一天天地老去。一双老去的眼睛，怎么可能看得见希望呢？"

王兰在外祖母的劝说下，一个人走出了庄园，走上了深秋的街道。她漫无目的地闲逛着，在一条街道的拐角处，她看见一家店铺的门前人头攒动，她下意识地走了过去。原来，是一些家庭主妇正在排队购买木炭。那一块块躺在纸箱里的木炭忽然让王兰眼睛一亮，她看到了一线希望。

在接下来的两个多星期里，王兰雇了几名烧炭工，将庄园里烧焦的树加工成优质的木炭，分装成箱，送到集市上的木炭经销店。结果，木炭被一抢而空，她因此得到了一笔不菲的收入。

知识加油站

古稀，是中国人自古指七十高龄的说法，源于唐代诗人杜甫《曲江二首》诗中的"人生七十古来稀"一句。

不久，她用这笔收入购买了一大批新树苗，一个新的庄园又初具规模了。几年以后，"森林庄园"再度绿意盎然。

无论黑夜多么漫长，朝阳总会冉冉升起；无论风雪怎样肆虐，春风终会缓缓吹拂。当挫折接连不断，当失败如影随形，当命运之门一扇接一扇地关闭，你永远也不要放弃希望，放弃生活。女孩要相信，这个世界上，从来没有什么真正的"绝境"，总有一条路通向成功。

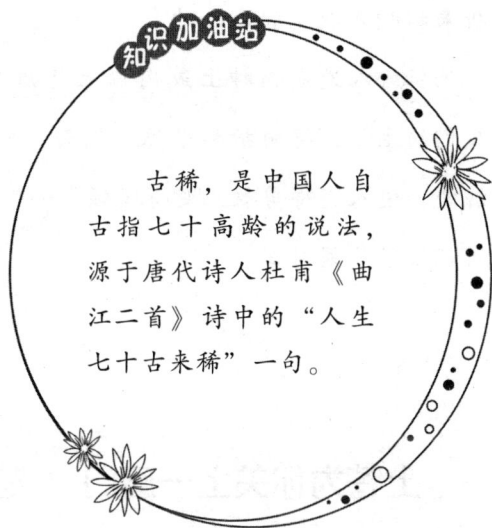

### 学会正确地看待挫折

女孩要清楚，生活中有晴天也有雨天，有欢乐也有痛苦。挫折是不能避免的，我们一生必然要与挫折打交道。平时要有良好的心态，有一种随时应付挫折的心理准备，要认识到任何挫折的发生都是有可能的，这样在挫折来临时才能理智地面对。

挫折给人造成精神上或肉体上的痛苦，使我们遭受失败和打击，让我们的生活变得曲折和艰难。然而挫折也能磨炼人的意志，激发人的潜能，使人变得勇敢，变得坚强。如果我们能化挫折为力量，那么，挫折就成了一笔财富。

## 上苍为你关上一扇门， 总会为你开启一扇窗

### ❀ 情商培养点：苦难是强者的试金石

英国军事理论家富勒曾说过："苦难磨炼一些人，也毁灭另一些人。"自强不息的人把苦难当作人生的一种历练，越挫越勇，为成为生命中的强者而战；懦弱无能的人，则过分夸大苦难，在挫折面前逃避退缩，这样的人终究碌碌无为。

女孩丽萨出生时就和别人不一样，生下来就没有双臂。懂事后，她问父母："为什么别的小朋友都有胳膊和双手，可以拿饼干吃，拿玩具玩，而我却没有呢？"

母亲强作笑脸，告诉她说："因为你是上帝派到凡间的天使，但是你来时把翅膀落在天堂了。"她很高兴："有一天我要把翅膀拿回来，那样我不但能拿饼干和玩具，还会飞了。"

7岁上学前，母亲请医生为她安装了一对精致的假肢。那天，母亲对她说："我的小天使，你的这双翅膀真是太完美了。"但她却感觉到，这双冷冰冰的东西并不是自己的那双翅膀。在学校里，缺少双臂的她，成了同伴们取笑的对象。假肢不但弥

知识加油站

富勒，英国军事理论家和军事史学家，参加过第一次世界大战，少将军衔。他一生著述颇多，是装甲战理论的创始人之一。

补不了自卑，反而让她深切意识到自己的残疾。随着年龄的增长，她越来越感觉到残疾的可怕：洗脸、梳头、吃饭、穿衣服……她觉得自己是一只被牵着线的木偶，做任何一件事情，都要依赖父母。

课余时间，同学们最大的乐趣是荡秋千，而她只能站在远处痴痴地看着那些孩子们在空中飞舞着，欢笑着。只有在他们走后，她才偷偷坐到秋千上，忘情地荡起来。这个时候，她会闭上眼睛，听耳边掠过的风声，想象自己找回了失去的双臂，像天使一样在操场上空飞翔。

14岁那年的夏天，父母带她乘船到夏威夷度假。每天，她站在甲板上，任两截空飘飘的衣袖随风飞舞，每当看到海鸥在风浪中自由飞翔，她都情不自禁地叹息："如果我有一双翅膀多好，哪怕只飞一秒钟。"

"孩子，其实你也有一双翅膀的！"一个苍老的声音在她耳边响起，她循声看到了一位黑皮肤的老人，吃了一惊，因为这位老人没有双腿，整个身体就固定在一个带着轮子的木板车上。此刻，老人用双手熟练地驱动着木板车，在甲板上自由来去，她看呆了。她了解到，老人是十年前从非洲大陆出发的，如今已经游遍了世界五大洲的70多个国家，而支撑他"走"遍世界的，就是一双手。"孩子记住，那双翅膀，就隐藏在你的心里。"船靠岸那天，老人的临别赠言让丽萨的整颗心一下子飘荡起来。

她开始练习用双脚做事。她用脚夹着钢笔练习写字、梳头、剥口香糖，为了让双脚保持柔韧有力，她每天通过走路和游泳的方式来锻炼。由于过于劳累，她的脚趾经常麻木、抽筋。有一次，她在游泳池里过于疲惫，以致两个脚踝竟然同时抽搐了。她在水中拼命挣扎，喝了

一肚子水，所幸被教练及时发现，将她从死亡的边缘拉了回来。

不懈地努力让她的双脚越来越敏捷，她的脚趾开始能像手指一样自由弯曲，不但学会了打电脑、弹钢琴，还获得跆拳道"黑带二段"的称号。坚强与自信让她渐入佳境，由于成绩出色，她获得了亚利桑那大学心理学学士学位。丽萨的努力并没有停止，她开始练习用双脚来开汽车，事实上，她比普通人更快拿到了驾照。

上苍为你关上一扇门，必定也为你开启了一扇窗。女孩不应该整天沉溺在"被关了一扇门"的痛苦之中，要努力去寻找"上苍开启的那扇窗"。只要你在逆境中坚定信心，不言放弃，不断提高自我应付挫折的能力，不断调整自己，那么，成功也就离你不远了。

情商训练营

### 战胜逆境的强者是这样炼成的

美国成功学大师卡耐基曾说过："一个人若想真正成功，最好是让他生长在贫贱的环境中。因为逆境可以塑造一个完美的人，可以使人相信，依靠自己的力量取得成功。"为自己的人生找到成功之窗的人是真正的强者。

面对逆境，女孩要牢记：你是自己命运的主人，只有你才能把握自己的心态，而你的心态则塑造着自己的未来。现实生活中，悲观失望的人一时的呻吟与哀号，虽然能够得到短暂的同情与怜悯，但最终的结果只能得到别人的鄙夷与厌烦；而乐观上进的人，经过长久的忍耐与奋斗，努力与开拓，最终赢得的将不仅仅是快乐与坚强，还有那些饱含敬意的目光。

# 培养抗挫能力的6个步骤

## 1. 正视挫折

要懂得生活中随时可能遇到挫折，挫折是不能避免的。面对挫折要有良好的心态，做好随时应付挫折的心理准备，在挫折来临时才能理智地面对。

## 2. 充满必胜信心

不因一时的挫折垂头丧气，在逆境中勇敢地前行，相信自己的能力，相信逆境是暂时的，只要付出努力，就会战胜逆境。

## 3. 树立远大的理想

崇高的理想，是一个人前进的动力。一个人如果有远大的志向，会时刻清醒地想着自己行动的意义和目的，且不达目的誓不罢休，从而激发自己战胜困难的勇气。

## 4. 积极主动地应对

战胜苦难的主观能动性，能让你克服惰性，把更多的注意力集中在行动上。积极主动地人，为自己过去、现在及未来的行为负责，他们摒弃被动的受害者角色，不怨天尤人，面对困境能够主动出击。

## 5. 永不言弃

不要因为一时的失败而一蹶不振，勇敢地去尝试，对于认定的事情，不轻言放弃。即使困难再大，也有一股执着向前的信念。

## 6. 学会乘胜追击

每一次成功都能使自信心增加一分，使意志力进一步增强。如果你用顽强的意志克服了一种不良习惯，那么与另一次挑战决斗并且获胜的信心也会增强。

# 第九章

# 自信的生命最美丽

## ——扬起自信的风帆

美国文学家爱默生说："自信是成功的第一要诀。"凡是成功的人，都会有强烈的自信心。雄鹰想要冲破苍穹，自信便是它的翅膀；流星想要在夜空中熠熠生辉，自信便是它在瞬间绽放美丽的符号；女孩想要到达成功的彼岸，自信一定是你手中的船桨。因为自信，才会得到命运女神的青睐；因为自信，女孩才能成为强者。

# 强大自己的心灵，做最棒的自己

❋ **情商培养点：只要努力，你就能成为你想成为的人**

成功学的创始人拿破仑·希尔说："自信，是人类运用和驾驭宇宙无穷大智的唯一管道，是所有'奇迹'的根基，是所有科学法则无法分析的玄妙神迹的发源地。"自信心决定一个人的一生。有自信的人对未来充满憧憬，没有自信的人对前途感到失望。自信是做一切事情的力量来源，如果你不相信自己，不相信自己能做好某件事情，改变某种现状，那么你将会一事无成。

一位黑人母亲带着女儿到一家商店买衣服。一位白人店员却傲慢地挡住了她的女儿，不让女孩进试衣间试穿，并傲慢地说："此试衣间只有白人才能使用，你们只能去储藏室里一间专供黑人使用的试衣间。"听了店员的话，母亲未予理睬，而是一脸坚定地说："如果我女儿今天不能进这间试衣间，我就换一家店购衣。"

为了留住生意，女店员只好勉为其难地让这对母女进了试衣间，自己则站在门口望风，生怕有人看到。这件事，让小女孩感触良深。

后来还有一次，这个黑人女孩在一家店里摸了摸一顶帽子，便受到白人店员的无理训斥。母亲再次挺身而出："请不要这样对我的女儿。"然后，她对女儿说："康迪，你现在把这店里你所喜欢的帽子都摸一下吧！"女儿就真的把自己喜爱的每顶帽子都摸了一遍，那个女店员也无可奈何。

母亲对女孩儿说："康迪，你记住，你的肤色和你的家庭是无法改变的，也没有什么不对。这种不公正不是你的错，只有做得比别人更好，你才会有机会改变自己低下的社会地位。你可能在餐馆里买不到一个汉堡包，但也有可能当上总统，这都要看你自己的努力程度。"

从那一刻起，这个黑人女孩就明白：黑人孩子只有做得比白人孩子优秀两倍，他们才能平等；优秀三倍，才能超过对方。她坚信只有受到良好的教育，才能让自己获得知识，做得比别人更好。进入学校后，这个黑人女孩学习非常刻苦，成绩十分出色，一年级和七年级她都跳了级，这使她变得更加自信。

**知识加油站**

康多莉扎·赖斯，美国政治家，美国前国务卿。她是美国历史上就任此职的第一位女性非裔美国人。

后来，这位曾遭受过歧视的黑人女孩，成为美国历史上第一位黑人国务卿，她的名字叫康多莉扎·赖斯。

美国的成功励志导师奥里森·马登说过这样一段耐人寻味的话："如果我们分析一下那些卓越人物的人格，就会看到他们有一个共同的特点：他们在开始做事前，总是充分相信自己的能力，排除一切艰难险阻，直到胜利！"这个世界没有规定你能成为什么样的人，这只取决于你想成为什么样的人，你是否为了这个目标不遗余力地向前冲了。只要努力，你就能成为你想成为的人，这无关肤色，无关民族，无关国籍，只在于你是否有信心去做。

## 培养自信的3个小方法

情商训练营

索洛维契克说："缺乏自信，常常是事业不能成功的主要原因。"一个人胸怀远大的理想，保持坚定的信心，竭尽全力地为之奋斗，那么就一定会取得惊人的成就。想要像康多莉扎·赖斯一样取得成功，我们就需要学会培养自信。

第一，把你的优点和成就列出来，写在纸上。在从事各种活动时，想想自己的优点，并告诉自己曾经有什么成就。

第二，当你碰到困难时，要学会鼓励自己，对自己说"我能行！""我很棒！""我能做得更好！"懂得扬长避短。

第三，在学习、生活中，要经常抓住机会展现自己的优势、才能，同时注意弥补自己的不足，不断求得进步。

# 有自信，然后全力以赴

## ❋ 情商培养点：自信让你前进的脚步更有力

世界文豪莎士比亚曾经说过："自信是成功的第一步。"有了自信，就有了信心和希望，也就有了前进的力量。我们的信心是要用来做某件事情的，当我们充满自信地迈出第一步，成功也就不远了。无论取得成功的代价多么大，也要带着自信为了自己的目标勇往直前。

1924年的一天，在美国纽约布朗克斯的一条人行道上，坐着一个黑头发的3岁女孩，无论她的母亲怎样哄她，小女孩只是一个劲儿地说："不！我要走新路回去！"围观的人们终于明白了，原来是母亲要带女孩顺着原路回家，这个倔强的小女孩坚持非走她选择的一条新路不可。最终，母亲妥协了。

时隔53年后，谁也没有想到，当年的这个小姑娘站在斯德哥尔摩音乐厅的讲坛上，领取了诺贝尔生理学或医学奖，她就是著名的女科学家罗莎琳·苏斯曼·雅洛。

1921年7月19日，罗莎琳出生在纽约布朗克斯一个中下层犹太人家庭。她17岁那年阅读了《居里夫人传》，她对自己说："居里夫人是我的榜样！"从此她便认定，居里夫人的路，就是自己要走的路。她的这一想法，在周围人看来简直是天方夜谭。罗莎琳高中毕业时，母亲希望她当小学教师；她大学毕业时，父亲希望她去当中学教师。罗莎琳却说："居里夫人也是女人，她做出了许多男人做不到的事情，我相信自己也能像她那样度过一生。"罗莎琳还保证：自己不仅要成为一个像居里夫人那样的大科学家，也要成为一个好妻子、好母亲。

然而，通往科学殿堂的路上布满了荆棘。罗莎琳是犹太人，又是一个女人，她当时很难获得研究院的津贴。罗莎琳对自己说："犹太女人一定要当上科学家！"历尽艰难后，1941 年，20 岁的罗莎琳从亨特女子学院取得物理学与化学学士学位。这时，伊

**知识加油站**

罗莎琳·苏斯曼·雅洛，生于美国，在伊利诺斯大学取得博士学位，由于开发了放射免疫分析法，可以定量测定神经末梢中的微量激素，1977 年获诺贝尔生理学或医学奖。

利诺斯大学的罗伯特·佩托恩教授破例收她当一名助教，并让她管理一个光学实验室。

从 1972 年至 1976 年，罗莎琳先后荣获 12 项医学研究奖。1977 年，她荣获了诺贝尔生理学或医学奖，最终实现了她的诺言，不仅成为著名的女科学家，还是一位贤妻良母。

美国政治家威尔逊说过："一个人有自信，然后全力以赴，任何事情十之八九都能成功。"罗莎琳怀着自信的心，用实际行动实现了自己的诺言，收获了成功的人生。女孩只要充满自信和希望，树立正

确的目标，追随正确的榜样，坚持走自己所认定的路，胜利就一定会属于你。

## 如何成为一名女科学家

罗莎琳从小时候就以居里夫人为榜样，立志成为一个著名的女科学家。后来，经过不懈努力，终于实现了自己的目标。女孩们，你想成为一名优秀的女科学家吗？

首先，你要培养自己热爱科学的习惯。凡事保持一份好奇心，勤于思考，多问几个为什么。

其次，要掌握基础的科学知识。尽可能系统全面地掌握基础的科学知识，给自己打好理论基础，从而为将来从事科学研究事业打好坚实的基础。

最后，要培养自己独立思考的能力和创新意识。只有拥有了深入的思考和独特的创新观念，你才可能发现别人发现不了的东西。

# 消除自卑，充满信心地努力

## ❋ 情商培养点：自卑是成功路上的绊脚石

法国军事家拿破仑说："默认自己无能，无疑是给失败创造机会。"自卑的人轻视自己，看不到自己的价值，它是一种人格上的缺陷，是缺乏自信的表现。过分的自卑会使人什么事都不敢尝试，使人会离成功越来越远，越来越无缘。

珍妮考上了镇里最好的中学，家人都为她感到自豪，她自己也庆幸能有这样好的机遇。

但是，最初在这所重点中学的生活让珍妮感觉很糟糕。上课听不懂，说话带方言土音，许多大家都知道的事自己却一无所知，而许多她知道的事大家却又觉得好笑。她开始后悔自己到这里来，她不明白自己为什么要来受这份羞辱，同时更加怀念在家乡的日子，在那里，可没有人瞧不起她。感到孤独无比的珍妮，觉得自己是全学校最自卑的人。无奈之下，她求助于心理咨询。

心理医生对她是这样诊断的：

她已跨入了个人成长的"新世纪"，可她对已经过去了的"旧世纪"仍恋恋不舍。

她对于生活的种种挑战，不是想方设法加以适应，而是缩在一角，

惊恐地望着它们，哀叹自己的无能与不幸。

　　她对于能来重点中学上学这一辉煌成就已感到麻木不仁，她的眼睛只盯着当前的困难与挫折，没有信心去再造就一次人生的辉煌。

　　她习惯了做羊群中的骆驼，不甘心做骆驼群中的小羊。

　　她因为自己来自小地方，说话土里土气，做事傻里傻气，就认定周围的人都在鄙视她，嫌弃她。可她没有意识到，正是因为她的自卑，才使周围人无法接近她，帮助她。

她身材瘦小，长相平常，多年来唯一的精神补偿就是学习出色。可眼下，面临众多的"学林高手"，她已再无优势可言。

总而言之，珍妮的问题核心就在于：她往日的心理平衡点被彻底打破了，她失去了对自己的信心，陷入了自卑的泥沼。

心理医生让珍妮参加了一个学校中学生组成的学生电话热线。珍妮的工作是接听同学们打来的烦恼求助热线，为同学们排忧解难。在帮助别的同学的过程中，珍妮又重新找到了自己的价值，重新感到自信心在增长，她感到大家需要她，她不再是多余的人了。同时，珍妮还结交了不少新的知心朋友。在与同学朋友交往中，珍妮发现，每个人总有被肯定的一面。在友好和谐的氛围中，她又感受到了自尊和自信。珍妮觉得生活重新充满了阳光，她很快地重新振作起来，全身心投入了"新世纪"，她相信自己的中学生活会越来越精彩。

珍妮虽然战胜了许多竞争对手进入了重点中学求学，却在困难面

知识加油站

美国英语方言，大致分为南部方言、东部方言和西部方言。除了历史原因，河流、山脉等自然地理因素的障碍对方言区域的形成也起了重要的作用。

前输给了自己的妄自菲薄，险些被自卑感打倒。女孩要学会正视自己，肯定自己的价值，只要消除了自卑感，充满信心地进行努力，你就能克服一切障碍，适应任何环境！

## 克服自卑心理的小窍门

自卑会使人背上沉重的思想包袱，丧失前进的动力，进而影响一生的发展。女孩要取得成功，必须学会克服自卑心理。

第一，正确认识自己。学会全面辩证地看待和评价自己，不仅要看到自己的短处，更要看到自己的长处。要多去发现自己的长处，树立自信心。

第二，正确地归因。不能因一次失败，就认为自己能力不行。殊不知这次失败的原因很可能是多方面的，不一定是能力不足造成的。

第三，自我鼓励。当你在干一件事之前，首先应有勇气，坚信自己能干好。

第四，运用积极的自我暗示。当遇到某些情况感到信心不足时，不妨运用语言暗示："别人行，我也能行""别人能成功，我也能成功"，从而增强自己改变现状的信心。

第五，学会对比。在与别人比较时，应该选择与自己各方面相类似的人、事比较。

# 自信地抬起头来

### ✳ 情商培养点：只有肯定自己才能得到他人的肯定

法国文学家罗曼·罗兰曾经说过："先相信自己，然后别人才会相信你。"自信是一个人发自内心的自我认同，自我认同感强的人也能得到别人的良好回应。你怎样看待自己，别人也会怎样地看待你，自信的人，往往更容易得到别人的好感与认同。

梅梅是个腼腆的女孩，长得非常可爱，但她却一直觉得自己不够漂亮，平时总是低着头，不愿意抬头看人，也不愿意被别人看到。每次照镜子的时候，她总是暗暗地想："如果我的皮肤再白一点多好啊！如果我的眼睛再大一点多好啊！"

每次看到漂亮的女孩从她身边走过，她的眼睛都会不由自主地看过去。看着女孩那昂首挺胸的样子，再想想自己，她总是感觉自惭形秽，然后飞快地低下头，把头埋在自己的胸前。

有一天，她在店铺里发现了一只蝴蝶结，绿色的丝绒散发着光泽，漂亮极了！于是，梅梅拿出全部的零花钱买下了它，并且立刻戴在了头上。店主在旁边不断地夸赞梅梅是个漂亮的小姑娘。戴着蝴蝶结的梅梅，脑海中出现了一个既大方又美丽的小姑娘。哦，这个小女孩不就是现在的自己吗？她不由自主地昂起头，脸上带着自信的微笑，开心地走出店铺，连出门时被人撞了一下都没有在意。

梅梅兴高采烈地走进教室，迎面遇到了她的老师。"梅梅，你昂起头来真美！"老师亲切地拍着她的肩膀说。她开心极了，脸上不由得浮现出两朵红云。"哦，梅梅，你笑起来真好看！"她的同学赞美地说，"以前你总是低着头，我们还以为你长得不漂亮呢，没想到今天你抬起头来我们才发现，原来你很可爱。"

那一天，梅梅得到了很多人的赞美，这些赞美让她充满了自信，感到非常快乐。梅梅想："这一定是美丽的蝴蝶结的功劳！"到了放学的时间。梅梅和同学们恋恋不舍地挥手告别。分手时，她们对梅梅说："梅梅，你今天看起来真美！"

梅梅回到家，美滋滋地往镜子前一站，想看看今天自己带着蝴蝶结到底有多漂亮。然而，梅梅却呆住了，她惊讶地发现自己头上根本就没有蝴蝶结。

原来梅梅从店铺里出来时和人撞了一下，蝴蝶结就是那时候被碰掉的。梅梅终于知道为什么今天会有那么多人都说自己漂亮了，因为昂起头来的她浑身散发着一种自信的魅力。她也明白了只要一直自信下去，以后的每一天她都会很美丽！

**知识加油站**

罗曼·罗兰，法国思想家、文学家，诺贝尔文学奖得主。他一生为争取人类自由、民主与光明进行不屈的斗争，是20世纪上半叶法国著名的人道主义作家。

许多女孩常常觉得自己这不如人，那不如人，在羡慕别人的同时过分地苛求自己，整天地自怨自艾，这是缺乏自信的表现。梅梅找回了自信，靠的并不是美丽的蝴蝶结，而是对自己的欣赏和绽放在脸上的自信的笑容。相信自己，别人也会被你的自信感染，看到一个昂首挺胸，大步向前走的乐观自信的女孩。

## 表现出自信的妙招

美国作家海伦·凯勒曾经说过："信心是命运的主宰。"一个人如果缺少了自信心，在人生的大舞台上就施展不出自己的才华，表现不出自我。自信的女孩最美，要建立自信，可以从这些方面做起。

挑前面的位置坐。坐在前排就意味着"我能行，我很棒""我是无可畏惧的"。

走路时，抬头挺胸，步伐稍快一些。在走路时，应该双肩平直，抬头挺胸，步伐稍快且坚定有力，这样会让人感觉有信心，有朝气，有内在力量，充满希望。

学会当众发言。面对大庭广众讲话，需要巨大的勇气和胆量，这是培养和锻炼自信的有效途径。

# 相信自己，做自己生命的主宰

## ❋ 情商培养点：自信的人拥有美好的未来

美国经济学家米尔顿·弗里德曼曾经说过："如果哥伦布也人云亦云的话，他就不会发现那条通往印度群岛的新路线。"女孩要知道：

在人生的道路上，满怀自信的人才有可能实现自己的理想。女孩要坚持自己的理想，相信自己，做自己想做的事情，主宰自己的未来。

1943 年，正值第二次世界大战，17 岁的玛格丽特想要报考牛津大学化学系。

一天，她拿着一道简单的化学题请教父亲，父亲讲解完，疑惑地问："眼下战事正酣，你不觉得此时报考不合时宜吗？"玛格丽特说："报考牛津是我的志向，每次机会都不能错过。"父亲说："可化学并非你所擅长，为何非要选它呢？"她笑了："受您影响，我从小就喜爱化学，而且我相信我一定能把它学好！"

玛格丽特去牛津大学找校长。校长看过她的简历，皱着眉说："你连一节拉丁语课都没上过，怎么可能考取呢？"（1960 年前，考生报考牛津大学需要懂拉丁语）玛格丽特说："拉丁语我可以突击学习！"校长摇摇头，又说："你高中还差一年毕业，必须等到明年再报考！"玛格丽特信心十足："我可以申请跳级呀！"校长勉强答应让她试试。

回家后，玛格丽特起早贪黑地学习拉丁语和化学。3 个月后，她通过了跳级考试，顺利地参加了牛津大学的入学考试。经过刻苦地学习，在漫长的等待中，她终于如愿以偿地等到了牛津大学的入学通知书。

玛格丽特如释重负，对父亲说："感谢您的理解和支持。如果我不能在短时间内考取牛津，以后将难得多呀！"望着父亲迷惑的表情，她解释道："等到战事平息，报考牛津的人定会增多，难度必然加大呀。"父亲这才知道女儿之所以执意提前报考，是因为战争令报考生源减少，由此被录取的概率大大增加；而之所以选化学系，是因为该

专业女生少，就读期间能得到老师的格外照顾。

后来，玛格丽特逐渐从一个普通的女孩子成为一位自信而充满魅力的女性。1950 年，玛格丽特第一次竞选议员惨遭失败，但她没有气馁，也没有放弃自己的从政愿望。她仍然满怀自信，即使经历了多次失败，还是用顽强的信念一直坚持，直到 1959 年终于当上众议院议员。之后在两次大选失利后，玛格丽特所属的保守党临阵换将，将她推上了保守党领袖的地位。玛格丽特不负众望，敢于担当，终于在 1979 年率领保守党赢得大选胜利，而她也因此登上了英国首相的宝座，成为英国历史上第一位女首相。

玛格丽特就是人们习惯上称呼的撒切尔夫人。撒切尔夫人在整个就任期内，以自信而果断的领导魅力获得了"铁娘子"的称号。

有人说过："许多年轻人的失败，应该归咎于他们没有自信。"撒切尔夫人就是凭借自己的自信和决断一步一步走向成功，最终取得惊人的成绩的。生活对谁都是公平的，亲爱的女孩，如果想要有作为的话，就必须树立起强大的自信心，这样才能突破重重困难，开创自己的未来。

知识加油站

玛格丽特·希尔达·撒切尔，被人们称为撒切尔夫人，是英国保守党第一位女领袖，也是英国历史上第一位女首相。

**情商训练营**

**面临挑战如何表现自信**

英国画家马尔顿说："坚决的信心，能使平凡的人们，做出惊人的事业。"平凡的人甘于平庸稳定的生活，而自信的人勇于迎接挑战。在人生的道路上，女孩会面临无数的选择和挑战，这时候就需要强大的自信心。自信的女孩要有自己的目标和计划，无论面临多么艰巨的困难，都不能因一时的失落而否定自己，更不要因此放弃自己的人生目标。让努力坚持的信念化为一种力量，不断地促使你向前迈进，从而一步步地接近成功。

# 自信的人从不说 "不可能"

## ❋ 情商培养点：自信是推动你走向成功的力量

法国政治家拿破仑说过一句话："只要你有信心，你就能移动一座山。"只要相信自己能成功，你就会赢得成功。在自信的人的字典里没有"不可能"，一个人一旦拥有了自信，就会正确地看待自己，将自己的能力和潜能发挥到极致，将"不可能"变为"我能行!"

林巧稚是我国著名的妇产科专家，她治好的病人不计其数，经她

亲手接生的孩子更是成千上万，人们都非常尊敬她。然而，在她小时候，家里因为她是女孩，一点儿也不喜欢她。

林巧稚是个聪明的孩子，到了该读书的年龄时，哥哥和弟弟都背着书包高高兴兴上学去了，而巧稚因为是女孩，被爸爸留在家中不允许她去上学，她只好眼睁睁地看着哥哥、弟弟上学。可她非常想读书，就使劲求爸爸。

爸爸被她磨得不行，总算答应让她去试试看。巧稚高兴极了，充满信心地对爸爸说："我一定好好学，学出本领来！"

上学后，巧稚学习很认真，许多男同学的成绩都比不过她。男同学不服气地说："一个小丫头，看她有多能！"

一次，期末考试快到了，同学们都紧张地复习功课。课间休息的时候，巧稚和几个女同学在讨论问题，这时，几个男生朝着她们大声地叫着："这次考试题可难啦，你们女生可能要'烤煳'，能及格就不错了。"巧稚听了呼地站了起来，昂头挺胸

知识加油站

林巧稚，我国著名医学家，是中国现代妇产科学的奠基人之一。她一生接生了5万多婴儿，被人们称为"万婴之母"。

地说："女生怎么啦？女生照样拿第一。咱们比比看，男生有人拿100分，我就能拿110分！"

为了这句话，巧稚更加刻苦地学习。别人看一遍书，她就看三遍；

别人做一道题，她就做十道题；别人九点钟睡觉，她却要到深夜十一点甚至十二点钟再睡。总之，她做什么都要比别人多下功夫。

不久，考试时间到了。巧稚每堂考试都认真地答题，仔仔细细地计算。考试结束，成绩已公布，林巧稚果真拿到了全班第一名。男生们不得不佩服地说："林巧稚真行！"

以后，林巧稚无论做什么事更加信心十足了，她时刻提醒自己把每件事做好，样样拿"110分"。她靠着坚定的信心、顽强的毅力，不断进取，努力奋斗，终于成为我国第一流的妇产科专家。

女孩无论如何都要相信自己的力量，只有相信自己的力量，才会朝着自己制定的目标勇往直前。自信的人不会被闲言碎语所左右，也不会因为一时的失败和挫折所动摇。尽自己最大的力量做好该做的事，迎接你的，唯有成功。

**情商训练营**

## 告诉自己"我能行"

大发明家爱迪生说："自信是成功的第一秘诀。"女孩在面对学习生活和人生挑战时，需要自信，并时常要自我鼓励。在做任何事情之前，如果害怕面对失败，一定要告诉自己"我能行，我一定行"，这个声音就会进入你的大脑里，慢慢地就会在心里形成一种积极的暗示。在告诉自己"我能行"之后，下一步就是想办法去寻找成功的方法，为自己的目标而努力奋斗。

# 自信是成功的基石

※ **情商培养点：自信的心态让你勇往直前**

有这样一句名言："越是自信就越能成功，一个人的失败其实就是信心的丧失。"自信的人，相信自己，也相信自己的力量，即使面对再大的苦难和阻碍，总能看到生活中美好的一面，从而为自己赢得成功。任何时候我们都不能丧失自信，虽然有了自信不一定能够成功，但丧失自信却注定会失败。

女孩莉莎是一名优秀的汽车销售员，当有人请教她取得成功的秘诀时，她总是笑笑，然后大声地说："因为我是黑桃A！"

莉莎小的时候，家里生活窘迫，后来，她跟随父母从意大利移民到了美国，但他们一家的经济境况始终不见起色。她的童年是在汽车城底特律度过的，几乎每一天都要在饥饿线上挣扎，烦恼和自卑在她心里留下了深深的阴影。在学校里，她没有勇气举手回答老师的提问，小伙伴们玩游戏从来也不叫她，老师甚至都记不住她的名字。

莉莎的父亲一辈子碌碌无为，有时难免唉声叹气，对小女儿流露出悲观的情绪："认命吧，我们将一事无成。"这个说法让莉莎更加沮丧，她常常为自己未来的前途而担忧，难道自己的未来真的就要像父亲一样，一生都在贫困、烦恼中度过吗？

有一天，莉莎的母亲告诉小女儿："孩子，抬起头来！世界上没有谁跟你一样，你是独一无二的。自己的命运要靠自己掌握。"这句话极大地鼓励了莉莎，她的心里燃起了追求成功的希望。她认定自己就是最好的，没有人能比得上她。于是，她在每天睡觉前，都要对自己大声说："我是最好的！"

由于这种信念和精神力量的支撑，莉莎的学习和生活都发生了巨大的改变，老师和同学都忽然发现，莉莎真的变了。她总是昂着头、带着微笑来到学校；即使遇到麻烦她也不会害羞地低下头去；上课时莉莎也敢于举手发言、回答问题了。同学们不禁疑惑起来："这还是以前的那个莉莎吗？"她究竟得到了什么样的"法宝"，让她显得这么阳光和富有活力？答案就在于，莉莎的信心被燃烧起来了！

中学毕业后，莉莎第一次去应聘，那家公司的女秘书向她索要名片，但莉莎刚毕业还没有名片，就随手找到一张扑克牌递了上去。女秘书也没有仔细看就收下了，并通知她面试。

在面试中，经理看着莉莎递交的一张黑桃A，心里感到疑惑，他

**知识加油站**

威廉·福克纳，美国文学史上最具影响力的作家之一，意识流文学在美国的代表人物，1949年诺贝尔文学奖得主。

不知道这是什么用意，他以前也从未见到过这样的"名片"，不由得问道："小姐，你是黑桃A？"

"是的，先生。"莉莎的脸上带着自信的微笑。

"为什么是黑桃 A 呢？"经理不明白。

"因为 A 代表第一，而我刚好是第一。"

经理睁大了眼睛，他没有想到一个小女孩竟然如此有强者的气势，当即决定给她一个机会。就这样，莉莎被公司录用了。

后来，莉莎依靠自信和勤奋，一年中成功销售出 1525 辆汽车，创造了吉尼斯世界纪录，果真成了世界第一。

美国作家威廉·福克纳说："成功的先决条件是信心。"成功的路有千万条，自信永远是你迈出第一步的奠基石。只有跨过自信这道坎，才会天高任鸟飞，海阔凭鱼跃，充分发挥自己的积极性，抓住一切机会争取成功。"我是黑桃 A"，简单的一句话，却是自信者的最强音。想做黑桃 A 吗？给自己勇气和信心，世界上就没有什么困难可以难得住你！

## 如何成为一个自信的人

情商训练营

女孩子行走在人生之路的始端，面对新的学习生活和挑战需要有自信。那么，怎么样才能充满自信呢？

首先，无论你将要面对多么艰巨的困难，请不要在一时的失落中否定自己，更不要在残酷的现实下放弃自己的人生目标，时刻告诉自己"我能行！"，并且想办法来克服。

其次，在平时的学习和生活中，给自己设定一个可以实现的小目标，并努力地去实现，实现后，告诉自己："我很棒！"这样在潜移默化中，你就会越来越自信。

## 培养自信的方法

### 1. 抬头挺胸，自信地微笑

心理学家发现，人的内心体验和行为姿势密切相关，在走路时，双肩平直，抬头挺胸，步伐稍快、坚定有力，面带微笑，这样的状态会让人感觉更加有信心，充满希望。

### 2. 用积极的语言自我鼓励

遇到困难时，多说"我行""我可以"等积极的话，调动内心深处的"潜意识"，增强自信心；在面对重大任务或困难时，可以站到镜子面前，看着自己的眼睛，说一些鼓励自己的话，为自己加油打气。

### 3. 回忆过去的成功时刻

经常回忆过去的一些取得成功的时刻，你会发现，自己比想象的优秀得多。同时你会发现自己的优点和长处，从而更加坚定自信心，积极攀向另一个高峰。

### 4. 克服自卑

自卑的人对自己的能力、品质评价过低，从而缺乏自信，优柔寡断，毫无竞争意识，抓不到稍纵即逝的各种机会，享受不到成功的快乐。女孩要正确地认识自己，对失败进行正确地归因，学会扬长避短。

### 5. 练习当众发言

面对大庭广众讲话，需要巨大的勇气和胆量。尽量发言，就会增加信心，下次也更容易发言。多发言，这是信心的"维他命"。

# 第十章

# 柔弱的肩膀有担当

## ——女孩子的责任心

责任心是晶莹的露珠，折射出人的精神光芒；责任心是炙热的岩浆，喷发出无穷的潜能；责任心是公平的砝码，真实地衡量出人生的价值；责任心是坚硬的磐石，为你铺好通向成功的光明大道。有责任心的女孩，能明白自己的义务，主动履行义务，并愿意承担自己行为的后果，继而成为一个值得依赖和信任的人。

# 对自己的行为负责

※ **情商培养点：有责任心的人，首先对自己的言行负责**

有一句名言这样说：“责任趋向于有能力担当的人。一个人有这种良好的心态，事业就容易成功。”学会承担责任，是人成长过程中必经的一个重要步骤，是人生旅途中非常重要的一堂情商课。愿意承担责任和义务是强者的标志，只有强者才敢于对自己的行为负责。

已经读初中的女孩娜塔莎家里很穷，但她很喜欢看书。父母没有足够的经济实力给娜塔莎买书看，尽管她的母亲总设法满足她看书的愿望，可是对于娜塔莎来说这是不够的，她只好经常去向别的朋友或是邻居借书。

她经常去邻村的鲍里斯医生的家，帮忙干农活，既可以为贫困的家里分担一些责任，又可以减轻一下家里的经济负担。有一天，娜塔莎无意中发现了一本《华盛顿传》，她兴奋异常，大胆地向医生借这本书，刚好医生也是刚刚得到这本书，也非常喜欢。他问娜塔莎：“你真的这么喜欢这本书吗？”“是的，医生，我非常想看这本书，因为我很崇拜华盛顿总统，长大了也希望做一个像他那样伟大的人物。医生，求求你了，我就借一天，我保证明天就能送还给你。请相信我吧。”

"这是一本新书，我是非常爱护书的人，你能保证不会损坏它吗？"娜塔莎做出了保证，鲍里斯医生于是将书借给了她。

娜塔莎真是喜出望外，一回到家里就废寝忘食地看了起来，直到深夜两点钟。她的母亲不断催促娜塔莎早点睡觉，她才不舍地回屋睡觉了。半夜的时候她被一声震耳欲聋的雷声惊醒，她马上意识到屋里开始漏水了。糟糕，放在外屋的书！娜塔莎赶忙跳下床，去营救她的书，可一切都已经晚了，新书早已被水打湿了。

面对此情景，娜塔莎有些不知所措，她的母亲这样对她说："孩子，书已经湿了。不过你不是答应鲍里斯医生要好好保管这本书的吗？那么你就要对此负起责任来，不要怪天气不好，只能怪你自己没有保管好书。明天你就去鲍里斯医生那里，请求他的原谅。""可是如果医生要我赔偿，我该怎么办呢？""关于如何处理这件事情，就应由你自己承担了，你已经长大了，要对自己的行为负起责任来。"

第二天，娜塔莎只好硬着头皮去医生家里，非常歉疚地把事情的经过告诉了医生，并且希望得到医生的原谅。当医生看到皱巴巴的书时，大声地训斥娜塔莎："你不是答应要好好保管这本书的吗？怎么让它变成了这副模样？""医生，怪我没有

**知识加油站**

《华盛顿传》是一部描写美国总统华盛顿生平事件的书籍，作者华盛顿·欧文是美国建国后第一个获得国际声誉的作家。

将书放在一个安全的地方，只是随手扔在了桌子上，真是对不起，你能原谅我吗？我会为此负责任的，我会赔偿你的损失的。我可以为你工作，这样我可以用工资偿还，可以吗？"娜塔莎真的是非常希望得到医生的原谅，她说得很恳切。"那就这样吧。"医生同意了。

这样娜塔莎为医生干了三天的活，又抽时间看完了那本书。医生被她的责任心深深打动了，最后还将这本书送给了娜塔莎。娜塔莎就是凭着这种品质，不断努力，后来成为著名的政要官员的。

自己的事自己做主，要为自己的行为负责。这句话不仅是领袖和伟人要具备的素质，更是每一个女孩都要明白的道理。对自己的言行负责，是做人的最基本的要求，也是处事的原则。一个人能对自己的言行负责，就表明你有责任心而且坦诚，别人才能信赖你，这也是对人的价值的认同。

情商训练营

## 学会对自己的行为负责

社会呼唤对自己行为负责的人，时代的发展要求女孩成为对自我负责的人。那女孩要如何做到对自己的行为负责呢？

第一，对自己的行为后果做出正确判断。

第二，做事认真、负责。做到自己该做的事认真做好，不该做的事坚决不做，对做错的事负责。

第三，从生活中的点滴小事做起，认真做好生活中的每一件小事，培养自己的责任心。

# 对自己的生命负责

## ※ 情商培养点：一个对自己生命不负责的人将会一无所有

美国著名现实主义作家杰克·伦敦意味深长地说："一个人来到这个世上不容易，无论如何不能对不起生命。"生命只有一次，珍贵无比，一辈子光阴弹指一挥间，没有了生命任何东西都无用。女孩要对自己的生命负责，对得起自己，对得起生命。

凯瑟琳和艾莉是一对孪生姐妹。在一次灾难事故中，消防队员从废墟里救出了她们姐妹俩。姐妹俩被及时地送往当地一家医院，虽然她们死里逃生，保住了性命，可是大火已经把两个漂亮的姑娘烧得面目全非。

姐妹俩出院了，身上及脸上的疤痕清晰可见。凯瑟琳因为忍受不了众人怪异的眼神，失去了对生活的希望，在一个安静的下午偷偷地服了50片安眠药离开了人世。

艾莉却艰难地生存了下来，她想："既然我已经从大火中死里逃生，那么我的生命就是宝贵的。"无论遇到多大的困难，艾莉都咬紧牙关坚强地挺了过来。艾莉一次又一次地提醒自己："我的生命比谁都要可贵，我要为自己的生命负责。"

艾莉找了份工作，她每天都去城里送花。不管天气多么恶劣，她

都风雨无阻，也不管人们用怎样的眼光看她，她都始终保持微笑。艾莉的努力终于得到了回报，

一个偶然的机会，艾莉在送花的时候结识了一位富翁，他很欣赏艾莉的精神，于是他投资了一笔巨款与艾莉一起做鲜花生意。就这样，艾莉开了一家大规模的花店，凭着自己的诚心经营，把它发展成了一个有上亿资产的公司。几年后，艾莉用挣来的钱

知识加油站

杰克·伦敦，美国著名的现实主义作家。他一生共创作了约50卷作品，代表作有长篇小说《野性的呼唤》《海狼》等和一系列优秀短篇小说。

做了整容手术，重新找回了自己美丽的人生。

当你的人生面临突如其来的灾难时，当你平静的生活突然被意外打破时，要冷静地面对一切，积极地面对人生，重新为自己的人生画上亮丽的色彩，这就是对自己的生命负责的最好表现。

## 做到对生命负责的 4 个步骤

法国文学家罗曼·罗兰说过一句名言："世界上只有一种英雄主义，那就是了解生命而且热爱生命的人。"一个人对自己的生命不负责，很难对其他的一切负责。做一个有责任心的女孩，从珍爱自己的生命做起吧。

第一，肯定自己的生命价值，热爱生活，珍爱生命。

第二，以一颗平常心对待生活，适时调整自己的心态，平静地面对生活中的一切。要相信，人生没有过不去的坎。

第三，在生命遇到巨大挑战时，要永不放弃生的希望，这是对自己生命的肯定和尊重。

第四，当他人生命有难时我们要帮助他，善待他人的生命，这也是对他人生命的肯定和尊重。

# 别把责任心遗忘

## ❀ 情商培养点：责任心与个人的发展息息相关

英国小说家毛姆说过："要使一个人显示他的本质，叫他承担一种责任是最有效的办法。"一个人是否具有很强的责任心，从很多细小的事情中往往就能看出。责任心的强弱对我们的人生发展至关重要。无论是老师还是同学，或者以后走上社会需要面对的上级领导或同事，他们谁都不愿意把重要的事情交给没有强烈责任心的人。

雯雯是一名五年级的学生。放暑假前学校组织去公园野餐，对这个活动她期待了很久，得知消息后就高兴得不得了。去野餐，自然要带必备的食品、餐具等，在快放学的时候，老师将带东西的任务分派了下去，让每个同学都负责准备一样。有的同学负责去超市买食品，有的负责准备烤肉的炉具，有的负责带餐具……而分配给雯雯的任务就是负责准备烤肉要用的调料。

回到家，雯雯把这个好消息告诉了妈妈，妈妈便提议她列一个单子，把需要带的东西先想好，准备好之后再出去玩。可雯雯不听劝，说："这一点点小事有必要这么兴师动众吗？我一会儿随便准备一下就好了，没多少东西要准备的。"临到晚上该睡觉时，雯雯才开始匆忙着手准备。

第二天，全班同学都高高兴兴地参加了这次活动，可是当大家准备开始动手做饭时，雯雯却发现自己竟然忘带了最重要的调料——盐和烤汁。同学和老师都向她投来不满的目光，雯雯也羞愧地低下了头。由于自己的疏忽和不负责任，使这次活动多了许多遗憾，影响了同学们的心情。

知识加油站

毛姆，英国小说家、戏剧家。他的作品常以冷静、客观乃至挑剔的态度审视人生，带讽刺和怜悯意味，在国内外拥有大量读者。

拥有责任心的人，才能获得别人的信任与肯定，也更容易展示自己的才华，从而取得人生的成功。女孩要尽可能地培养自己的责任心，别因责任心而输在起跑线上。

情商训练营

## 责任心的培养方法

美国总统林肯说："每一个人都应该有这样的信心：人所能负的责任，我必能负；人所不能负的责任，我亦能负。如此，你才能磨炼自己，求得更高的知识而进入更高的境界。"责任意味着承担，女孩要从小培养自己的责任心。

首先，从小事做起。培养自己的责任心不应该忽视日常生活中的小事。

其次，自己的事情自己做。只有对自己负责，才能对他人、社会负责。

最后，学会关心他人。从关心自己的父母、同学和朋友开始，在生活、学习的磨炼中培养责任心。

# 勇于承担自己应尽的责任

※ **情商培养点：勇敢承担责任，让你成长得更快**

英国作家刘易斯说："尽管责任有时使人厌烦，但不履行责任，

只能是懦夫、不折不扣的废物。"如果说，智慧和勤奋像金子一样珍贵的话，那么，还有一种东西则更为珍贵，那就是勇于负责的精神。对于女孩来说，拥有一颗责任心是走向成熟的标志，勇于承担起自己该负的责任则是立足于社会的根本。

90后女孩覃艳汁是一所重点大学的女生，她出身于一个贫困山村的壮族家庭，家里有年过80的爷爷奶奶，两个姐姐和父母，共七口人。小时候全家人只能依靠父母在家里耕种两亩多的玉米、水稻艰难维持生计。由于是"靠天吃饭"，一旦遇到干旱洪涝收成不好的年份，家里就更加困难了。

为了减轻父母的负担，覃艳汁小学六年级便开始学着编织草帽添补家用。刚开始学的时候她一天只能编5个左右，除去成本，只能赚到5块钱。后来，她逐渐掌握了技巧，编得越来越娴熟，一天可以编织20多个草帽，一个月可以得到300多元的收入。寒暑假的时候她也会到省城去打些零工添补学费。

虽然家里经济条件不好，但她从没有想过辍学，覃艳汁和她的父母始终认为只有多读书将来才有好的生活。她一心想着考上大学后要好好学习，将来改善家庭条件，孝敬父母。但生活却跟她开了一个大玩笑。

高中毕业那年，在外打工的母亲由于常年身体不适到医院检查，被诊断出患有多发性骨骼瘤、肾衰竭、尿毒症，且病情已经发展到晚期。突如其来的疾病让本不富裕的家庭更是雪上加霜。面对昂贵的医疗费用和学费，懂事的覃艳汁决定放弃大学梦，到外地打工赚钱给母亲治病，同时也可以减轻家里的负担。可父母坚决不同意她这么做。就在一家人一筹莫展的时候，覃艳汁收到了大学的录取通知书。当她

惊喜地看到那份家庭情况调查表与助学申请表，知道可办生源地贷款时，心中又充满了希望。

覃艳汁用助学贷款加上靠自己的双手编织草帽挣来的钱凑够了学费，带着家人的希望走进了大学的校门，开始了求学之路。在学校，为了节约生活费，她平时每餐只吃一份青菜和一份米饭，花费在 2 元左右。生活的艰辛阻挡不了她前进的脚步，她开始更加勤奋地学习，不仅凭着优异的成绩获得了各类奖学金和助学金，还在学校获得优秀团员称号，并被评为"五四青年好榜样"。

妈妈的病情日益加重。覃艳汁虽然不能帮妈妈分担痛苦，但她说自己依然会坚强乐观，在担起照顾妈妈的责任的同时，也会更加努力读书。她说："我会用行动告诉大家，'90 后'也是敢于承担责任的一代。我会通过自己的努力来回报父母、学校和社会对我的关爱。"

**知识加油站**

刘易斯·卡罗尔，原名查尔斯·勒特威奇·道奇森，英国作家、数学家，他多才多艺，兴趣广泛，在小说、童话、诗歌、逻辑等方面，都有很深的造诣。

在生活中，每个人都有属于自己的责任。尊敬老师、孝敬父母、好好学习、犯错后要主动承认错误并接受一定的教训和惩罚，这些都属于责任。对于这些责任，要勇于承担、敢于承担，做一个有责任心的人。责任心会使我们变得坚强，面对挑战，我们应该积极地去对待

而不是消极地躲避。勇敢地承担自己应尽的责任，这样的女孩才能被社会和周围人认可，才会实现自己的价值。

## 情商训练营

### 如何成为一个负责任的人

中国近代思想启蒙者梁启超说："人生须知负责任的苦处，才能知道尽责任的乐趣。"在生活中，每个人都为自己扮演的各种角色承担着相应的责任。一个人只有学会承担责任，才能真正走向成熟；只有积极承担责任，才能得到社会和他人的认可，从而实现自己的价值。女孩应该如何自觉承担责任，成为一个负责任的人呢？

第一，学会对自己负责。为自己的言行举止负责，做到信守承诺、自尊自信、自立自强。

第二，学会对他人负责。在生活中做到尊重他人、与他人团结互助，真诚相待、惜时守信，答应别人的事一定要做到，做不到时要表示歉意，借他人钱物要及时归还等。

第三，学会对集体负责。积极参加团队活动；爱护公物，爱护花草树木；珍惜集体荣誉，主动承担并出色完成各项任务，为集体争光；积极合作，充分认识到自己在集体中的地位和使命，尽职尽责做好自己应该做的事。

第四，学会对家庭负责。作为家庭中的一员，要尊重父母正确的意见和教导；主动承担力所能及的家务劳动和公益劳动，料理个人生活；学会理解、体贴父母长辈等。

第五，学会对社会负责。要做到：遵纪守法，遵守公共秩序，遵

守社会公德；热爱祖国，爱护国家利益，维护国家荣誉，尊敬国旗、国徽，树立民族自豪感。

# 人可以不伟大，但不可以没有责任感

※ **情商培养点：责任感，是一个人走向成功必备的情商素质**

美国文学家爱默生说："责任感具有至高无上的价值，它造就一种伟大的品格，在所有的价值中它处于最高的位置。"女孩走向成熟的标志是拥有一颗责任心，做事有强烈的责任感。树立起责任感，并使其成为情商的一部分，就意味着成熟。责任感是一个人对待工作、对待生活、对待社会的态度，是一个人品格及能力的承载。

娜娜是家中的独生女，已经上小学六年级了。从小时候起，娜娜就是个调皮的小女孩，当她跟着妈妈到别人家玩时，经常会弄坏人家的东西，这个时候妈妈总说："你这孩子，真不听话，快回家去，好讨厌呀!"然后自己给别人道歉。

在家中，娜娜的事情从来不自己做，已经这么大了，还从来没有自己洗过衣服，甚至每天洗脚，都是妈妈给她端来洗脚水，等她洗完后，妈妈还要帮她洗袜子。

娜娜不仅在家里没有责任心，在学校里也很不积极。已经上初中一年级了，她仅仅做过几次大扫除，而且这几次大扫除还都是妈妈替她做的。为了这事，老师曾和娜娜妈妈谈过话。但娜娜妈妈却说："我们家娜娜从来没干过活，我可心疼她了，万一累坏了怎么办？"面对这样的家长，老师也感到很为难。

由于没有养成责任意识，娜娜对什么事都漠不关心，她很少参与家里的事、集体的事，甚至连自己的事也不在乎。她的学习成绩越来越差，但她总是抱有一种无所谓的态度，认为学习只是为父母学，完全和自己无关。由于没有责任心，同学们都不喜欢和她在一起。由于和集体越来越疏远，娜娜感到非常孤单、无助。

名人心语

每个人都被生命询问，而他只有用自己的生命才能回答此问题；只有以"负责"来答复生命。因此，"能够负责"是人类存在最重要的本质。

——奥地利心理学家维克多·费兰克

一位成功人士曾经说过："一个人必须有责任感，不管你做什么，都要把它做好。"什么事都推卸责任，缺乏责任感的女孩，最终会被人们被孤立。在生活上不依赖别人，自己的事自己做；敢于独立做出判断选择，并为自己所做的事负责；为社会、家庭及其他人尽自己应尽的义务。只有这样有责任感的女孩才能被社会和周围人认可，才会受到大家的欢迎。

**锻炼责任感的步骤**

情商训练营

国外有一句谚语："一盎司的责任感胜过一磅的智慧。"责任感是成功者和平庸者的分水岭。只有具有很强责任感的人，才有可能被赋予更多、更大的使命，才有机会获得更大的荣誉和成就。女孩要拥有责任感，必须要锻炼自己。

第一，认真对待所做的事。对自己应该做的事情抱有热情，就会尽心尽力，将自己投入其中，进而产生责任感。

第二，培养自己的责任意识。经常性地对自己进行责任心的教育，敢于承担责任。

第三，学会自我反省。遇到问题时不找借口，多反省自己，审视自己的错误，有利于培养责任感。

# 坚守一份责任，拒绝三分钟热度

## ❋ 情商培养点：责任需要永远的承担

俄国著名作家列夫·托尔斯泰说过："一个人若是没有热情，他将一事无成，而热情的基点正是责任心。"热情往往是三分钟热度，

而有责任心的热情往往需要百分百的坚守，这份坚守的力量就源自内心的那份责任！

　　海拉蒂是一个可爱的小姑娘，在当地一所小学读六年级。最近她在学习有关植物方面的知识，简直迷上了植物，她觉得那些花草实在是太美了，便苦苦地哀求爸爸给她买一盆鲜花。

爸爸同意了海拉蒂的请求，趁周末带着海拉蒂到花卉市场买了一盆小花。父亲希望海拉蒂看到小花生长的整个过程，并且能够自己照顾它。于是，父亲和海拉蒂约定：海拉蒂负责照顾鲜花，给鲜花浇水和施肥。

最初几天，海拉蒂非常兴奋，每天耐心地给小花浇水，还根据日照的情况，不断给花盆挪动位置，并拿出本子，歪歪扭扭地在上面画出花卉生长的情况。

海拉蒂的父亲看到小海拉蒂这么有责任心，十分满意。可是，没过多久，海拉蒂的父亲发现小海拉蒂给花浇水的次数越来越少了，甚至好多天都不给小花浇水，也不做记录，似乎她已把养花的事给忘了。结果，小花慢慢枯萎了，叶子也开始泛黄，生长的速度减慢了，再过几天，盆花快死了。

吃过晚饭，父亲把海拉蒂叫到阳台，问道："你给小花浇水了吗？"海拉蒂低着头说："没有。"

"为什么没有？"

"我……"海拉蒂有些胆怯地说，"我忘了！"

"我们在买这盆花的时候，是怎么说的？由谁负责照顾这盆花？"父亲假装严厉地问。

海拉蒂沉默不语。

父亲又说："你看，这盆花多么伤心、悲哀！它失去了美丽的叶子，现在就要死了！而这都是因为你。"

海拉蒂听了，赶忙拿起水壶给小花浇水。很快，她又恢复了原来的耐心，每天都给花儿浇水、施肥，并做记录。不久，小花又恢复了以往漂亮的颜色，海拉蒂也因此学到了责任不是一时的兴起，要长期

坚持下去!

印度作家普列姆昌德说:"责任心是一种习惯性的行为,也是一种很重要的素质,是做一个优秀的人所必需的。"无论做什么事,当我们丧失了责任心,一切好的结果都将与我们无缘。责任就意味着承担,这种承担不是一天两天,而是永远……

当你习惯了这种承担,一种受益一生的责任心也就形成了!

情商训练营

## 做到恒久承担责任的三个锦囊

责任意味着承担,承担意味着永远。无论责任或大或小,如果做不到坚守自己的责任,落到实处,那一切都是空谈。女孩如何培养自己恒久的责任心呢?

第一,找到自己的使命。清楚地认识到自己该做的事情,明确自己该承担的责任。

第二,持之以恒。自己该承担的事情要做到有始有终,不半途而废。三天打鱼,两天晒网,蜻蜓点水,见异思迁是做不成大

事的。

第三，用心体会承担责任的乐趣。当一个人圆满地尽到自己的责任时，会产生满意的、愉快的情感，这种情感有助于你更加自觉地、主动地、积极地尽职尽责。

# 测测你的责任心

责任心不是说说而已，更多地体现在你做事的态度上。你是一个有责任心的女孩吗？完成下面的小测试，给自己的责任心打个分吧。

1. 与人约会，你通常准时赴约吗？

    A. 是                 B. 否

2. 你认为你这个人可靠吗？

    A. 是                 B. 否

3. 你会因未雨绸缪而储蓄吗？

    A. 是                 B. 否

4. 发现朋友犯法，你会通知警察吗？

    A. 是                 B. 否

5. 出外旅行，找不到垃圾桶时，你会把垃圾带回家去吗？

    A. 是                 B. 否

6. 你经常运动以保持健康吗？

    A. 是                 B. 否

7. 你忌吃垃圾食物、脂肪性过高和其他有害健康的食物吗？

    A. 是                 B. 否

8. 你永远将重要的事列为优先，再做其他休闲吗？

    A. 是                 B. 否

第十章 柔弱的肩膀有担当 —— 女孩子的责任心

233

9. 你关注时事新闻吗？

　　A. 是　　　　　　　　B. 否

10. 收到别人的信，你总会在一两天内就回信吗？

　　A. 是　　　　　　　　B. 否

11. "既然决定做一件事情，那么就要把它做好。"你相信这句

　　话吗？

　　A. 是　　　　　　　　B. 否

12. 与人相约，你从来不会耽误，即使自己生病时也不例外吗？

　　A. 是　　　　　　　　B. 否

13. 你从不违反交通规则吗？

　　A. 是　　　　　　　　B. 否

14. 你经常按时交作业吗？

　　A. 是　　　　　　　　B. 否

15. 你经常帮家长做家务吗？

　　A. 是　　　　　　　　B. 否

说明：A=2分　B=1分

分数为 26～30 分：你是个非常有责任感的人。你行事谨慎、懂礼貌、为人可靠，并且相当诚实。

分数为 20～25 分：大多数情况下，你都很有责任感，只是偶尔有些率性而为，没有考虑得很周到。

分数为 20 分以下：你的责任心不强。你一次又一次地逃避责任，与他人的关系有时会变得比较紧张，应在做事时提高责任意识。

# 参考文献

［1］丹尼尔·戈尔曼．情商：为什么情商比智商更重要［M］．杨春晓，译．北京：中信出版社，2010.

［2］张永生．西点军校情商训练课［M］．北京：印刷工业出版社，2013.

［3］党博．做个有出息的女孩［M］.2版．北京：中国纺织出版社，2011.

［4］邓婕．做个单纯有度完美性格的女孩［M］．北京：台海出版社，2013.

［5］郑淑宁．做最有出息的女孩［M］．北京：中国华侨出版社，2012.

［6］文轩．做个有完美性格的女孩［M］．北京：朝华出版社，2012.

［7］杨敬．这样做女孩最优秀［M］．北京：中国纺织出版社，2010.

［8］李春．培养了不起的女孩［M］．北京：中国长安出版社，2008.

［9］李蕊．女孩就要有出息［M］．北京：北京理工大学出版社，2011.

［10］唐靓．女孩励志书［M］．北京：中国纺织出版社，2012.

［11］云晓．优秀女孩的5种思想、7种习惯、9种能力［M］．北京：朝华出版社，2011.